大数据/人工智能系列丛书
大数据/人工智能人才培养规划教材

大数据分析导论

魏 苗 陈 述 吴禀雅 / 编著

電子工業出版社
Publishing House of Electronics Industry
北京 · BEIJING

内 容 简 介

本书主要介绍了大数据的相关背景、大数据基础知识、大数据下的相关编程语言、相关工具框架以及大数据下的其他相关技术等，另外，还对机器学习、神经网络和深度学习等内容进行了介绍，并且对常用的大数据可视化工具进行了阐述。由于大数据、云计算、人工智能有着密不可分的关系，本书既包含了大数据的基础知识，同时也涵盖了大数据下的人工智能以及可视化工具等相关内容，方便读者通过本书了解到大数据以及相关技术的基础知识。

本书可以作为本科院校、高等职业院校各专业学生学习大数据基础知识的教材，也可以满足对大数据分析感兴趣的广大读者的学习需求。

图书在版编目（CIP）数据

大数据分析导论 / 魏苗，陈述，吴禀雅编著. — 北京：电子工业出版社，2019.2
ISBN 978-7-121-36022-0
Ⅰ. ①大… Ⅱ. ①魏… ②陈… ③吴… Ⅲ. ①数据处理 – 高等学校 – 教材 Ⅳ. ①TP274
中国版本图书馆 CIP 数据核字（2019）第 023012 号

策划编辑：贺志洪
责任编辑：贺志洪
印　　刷：天津千鹤文化传播有限公司
装　　订：天津千鹤文化传播有限公司
出版发行：电子工业出版社
　　　　　北京市海淀区万寿路173信箱　邮编 100036
开　　本：787×1092　1/16　　印张：11.5　　字数：294.4千字
版　　次：2019年2月第1版
印　　次：2021年8月第7次印刷
定　　价：47.00元

凡所购买电子工业出版社图书有缺损问题，请向购买书店调换。若书店售缺，请与本社发行部联系，联系及邮购电话：（010）88254888，88258888。

质量投诉请发邮件至 zlts@phei.com.cn，盗版侵权举报请发邮件至 dbqq@phei.com.cn。

本书咨询联系方式：（010）88254609 或 hzh@phei.com.cn。

前言

PREFACE

现代社会中，人们每天都在使用不同的方式来收集数据，例如通过手机浏览短视频、通过各种自媒体来读取感兴趣的内容等。而每个人在收集和使用数据的同时，也都时时刻刻在产生着数据。透过查询搜索引擎的关键词趋势，人们可以清楚地看到，在中国，2011 年后“数据”这个词语的搜索率在不断地上升，这意味着人们越来越关注“数据”这个看不见摸不着而又确确实实是人们生活中必不可少的东西。从宏观的角度来看，一个人的数据似乎并不能产生什么特别大的价值，但是当海量的数据产生时，其中所蕴含的价值就能改变整个行业。大数据的出现，帮助了很多行业进行产业升级。无论是人们平时的生活还是商业行为甚至是政治活动，都在不知不觉中受到大数据的影响。例如当你每天打开电子商务网站，在将相关的推送商品添加进你的购物车中时，你就在享受大数据所带来的便利了。

大数据带来的不仅仅是购物车中物品的增加，同样也能改善人们的健康状况。透过大数据的技术，越来越多的遗传疾病可以在不久的将来被攻克。物联网、人工智能、云计算等更与大数据相辅相成，为信息化社会带来了新的技术革命。在这样的人工智能和数据为主的大时代中，国家更是将大数据作为战略之一进行重点发展。通过“大数据＋民生”的方式来促进产业升级，强化民生服务，通过深度开发各类便民应用从而提升人民的幸福感。

为了更好地普及大数据以及相关知识，帮助读者了解基本的大数据以及相关技术的概念，本书主要从大数据的基础、云计算的基本概念、人工智能等方面着手，帮助读者构建一个大数据以及相关技术的框架，开拓读者的视野。

本书主要介绍了大数据、云计算、人工智能等基本概念。为了方便读者更好地理解进而对大数据产生兴趣，本书并未添加过多的数学逻辑内容，因此本书也可以作为通用教材被非计算机专业的学生所使用。

本书由来自业内知名企业的专家和来自教学一线的教师共同编写。其中第 1 章由浙江商业职业技术学院孔美云、宁波财经学院韦凝芳和浙江大学宁波理工学院唐云廷共同撰写，第 2 章由陈述魏编写，第 3 章至第 5 章由陈述、魏苗和吴禀雅共同撰写。本书在编写过程中也参考了许多优秀的中英文专著和文献，在此一并表示感谢。

大数据、人工智能以及相关技术作为新兴领域，技术日新月异，相关学术观点以及理解也存在争议，希望有兴趣的读者能继续加深了解。由于时间有限，书中难免存在疏漏和不妥之处，望读者雅正，以便本书后续的完善。更多关于神经网络以及机器学习等的具体算法以及相关实际案例将在第 2版中进行添加。

编著者

2018.12

目录

CONTENT

第1章

大数据导论

1.1　大数据的产生

所谓大数据，狭义上可以定义为：用现有的一般技术难以管理的大量数据的集合对大量数据进行分析，并从中获得有用观点。这种做法在一部分研究机构和大企业中，过去就已经存在了。现在的大数据和过去的相比，主要有三点区别：第一，随着社交媒体和物联网等的发展，在我们身边正产生出大量且多样的数据；第二，随着硬件和软件技术的发展，数据的存储、处理成本大幅下降；第三，随着云计算的兴起，大数据的存储、处理环境已经没有必要自行搭建。

所谓“用现有的一般技术难以管理”，可以是指用目前在企业数据库占据主流地位的关系型数据库无法进行管理的、具有复杂结构的数据，或者也可以说，是指由于数据量的增大，导致对数据的查询（Query）响应时间超出允许范围的庞大数据。

研究机构 Gartner 给出了这样的定义：“大数据”是需要新处理模式才能具有更强的决策力、洞察发现力和流程优化能力的海量、高增长率和多样化的信息资产。

麦肯锡[1]说："大数据指的是所涉及的数据集规模已经超过了传统数据库软件获取、存储、管理和分析的能力，这是一个被故意设计成主观性的定义，并且是一个关于多大的数据集才能被认为是大数据的可变定义，即并不定义大于一个特定数字的TB才叫大数据。因为随着技术的不断发展，符合大数据标准的数据集容量也会增长；并且定义随不同的行业也有变化，这依赖于在一个特定行业通常使用何种软件和数据集有多大，因此，大数据在今天不同行业中的范围可以从几十TB到几PB。"

随着"大数据"的出现，数据仓库、数据安全、数据分析、数据挖掘等围绕大数据商业价值的应用正逐渐成为行业人士争相追捧的利润焦点，在全球引领了又一轮数据技术革新的浪潮。

大数据是一门专注于大量的、频繁产生于不同信息源的数据进行存储、处理和分析的学科。当传统的数据分析、处理和存储技术手段无法满足当前需求的时候，大数据的实践解决方案就显得非常重要。具体地说，大数据能满足许多不同的需求，例如，将多个没有联系的数据集结合在一起，或是处理大量非结构化的数据，抑或是从时间敏感的行为中获取隐藏的信息等。

虽然大数据看起来像是一门新兴的学科，但其已有多年的发展历史。对大型数据集的管理与分析是一个存在已久的问题——从利用劳动密集方法进行早期人口普查的工作，到计算保险收费背后的精算学科，都涉及这个方面的问题，大数据就由此发展起来。信息社会所带来的好处是显而易见的，每个人口袋里都有一部手机，每个办公桌上都放着一台计算机，每间办公室内都连接到局域网甚至互联网，半个世纪以来，随着计算机被全面和深度地带入社会生活，信息爆炸已经积累到一个开始引发变革的程度。它不仅使世界充斥着比以往更多的信息，而且其增长速度也在加快。信息总量的变化还导致了信息形态的变化——量变引起质变。

---

① 麦肯锡公司，世界级领先的全球管理咨询公司，自1926年成立以来，公司的使命就是帮助领先的金业机构实现显著持久的经营业绩改善，打造能够吸引、培育和激励杰出人才的优秀组织机构。麦肯锡在全球52个国家有94个分公司，在过去10年中，麦肯锡在大中华区完成了800多个项目，涉及公司整体与业务单元战略，企业金融、营销/销售、组织架构、制造/采购/供应链、技术、产品研发等领域。麦肯锡的经验是，关键是找那些企业的领导们，他们能够认识到公司必须不断变革以适应环境变化，并且愿意接受外部的建议，这些建议在帮助他们决定做何种变革和怎样变革方面大有裨益。

最先经历信息爆炸的学科，如天文学和基因学，创造出了“大数据”（Big Data）这个概念，现在“大数据”几乎应用到了所有人类致力于发展的领域中。

1.1.1 天文学——信息爆炸的起源

综合观察社会各个方面的变化趋势，我们就能真正意识到信息爆炸或者说大数据的时代已经到来。以天文学为例，2000年斯隆数字巡天项目①（如图1.1所示）启动的时候，位于新墨西哥州的望远镜在短短几周内收集到的数据，就比世界天文学历史上总共收集的数据还要多。

图 1.1 美国斯隆数字巡天望远镜

到了2010年，信息档案已经高达1.4×242GB。当时预计2016年在智利投入使用的大型视场全景巡天望远镜能在5天之内就获得同样多的信息。

---

① 斯隆数字巡天（Sloan Digital Sky Survey，SDSS）是使用位于新墨西哥州阿帕奇山顶天文台的2.5m口径望远镜进行的红移巡天项目，以阿尔弗雷德·斯隆的名字命名，计划观测25%的天空，获取超过一百万个天体的多色测光资料和光谱数据。2006年，斯隆数字巡天进入了名为SDSS-Ⅱ的新阶段，进一步探索银河系的结构和组成，而斯隆超新星巡天计划搜寻1a型超新星爆发，以测量宇宙学尺度上的距离。

天文学领域发生的变化在社会各个领域都在发生。2003年，人类第一次破译人体基因密码的时候，辛苦工作了十年才完成了三十亿对碱基对的排序。大约十年之后，世界范围内的基因仪花15分钟就可以完成同样的工作。在金融领域，美国股市每天的成交量高达70亿股，而其中三分之二的交易都是由建立在数学模型和算法之上的计算机程序自动完成的，这些程序运用海量数据来预测利益和降低风险。

互联网公司更是被数据所淹没。谷歌公司每天要处理超过24PB（2^{50}B，拍字节）的数据，这意味着其每天的数据处理量是美国国家图书馆所有纸质出版物所含数据量的上千倍。Facebook（脸书）这个创立不过十来年的公司，每天更新的照片量超过1000万张，每天人们在网站上单击“喜欢”（Like）按钮或者写评论大约有三十亿次，这就为Facebook公司挖掘用户喜好提供了大量的数据线索。与此同时，谷歌子公司YouTube① 每月接待多达8亿的访客，平均每一秒钟就会有一段长度在一小时以上的视频被上传。推特（Twitter）② 上的信息量几乎每年翻一番，每天都会发布超过4亿条推文。

1.1.2 大数据产生的背景

最早提出大数据时代到来的是全球知名咨询公司麦肯锡。大数据在物理学、生物学、环境生态学等领域以及军事、金融、通信等行业存在已有时日，却因为近年来互联网和信息行业的发展而引起人们的关注。大数据是云计算、互联网之后IT行业又一大颠覆性的技术革命。云计算主要为数据资产提供了保管、访问的场所和渠道，而数据才是真正有价值的资产。

企业内部的经营信息、互联网世界中的商品物流信息、互联网世界中的人与人交互信息、位置信息等，其数据量将远远超越现有企业IT架构和基础设施的承载能力，实时性要求也将大大超越现有的计算能力。如何盘活这些数据资产，使

---

① YouTube是世界上最大的视频网站，注册于2005年2月15日，早期其总部位于加利福尼亚州的圣布鲁诺。2006年11月，谷歌公司以16.5亿美元收购了YouTube，并把其当作一间子公司来经营。

② Twitter（推特）是美国一家提供社交网络及微博客服务的网站，是全球互联网上访问量最大的10个网站之一。Twitter是微博客的典型应用，其消息也被称作“推文（Tweet）”，被形容为“互联网的短信服务”。

其为国家治理、企业决策乃至个人生活服务，是大数据的核心议题，也是云计算内在的灵魂和必然的升级方向。

1. 产生背景——大数据时代来临

进入2012年，大数据（Dig Data）一词被越来越多地提及，人们用它来描述和定义信息爆炸时代产生的海量数据，并命名与之相关的技术的发展与创新。它已经上过《纽约时报》《华尔街日报》的专栏封面，进入美国白宫官网的新闻，现身在国内一些互联网主题的讲座沙龙中，甚至被嗅觉灵敏的国金证券、国泰君安、银河证券等写进了投资推荐报告。数据正在迅速膨胀并变大，它决定着企业的未来发展，虽然很多企业可能并没有意识到数据爆炸性增长带来的隐患，但是随着时间的推移，人们将越来越多地意识到数据对企业的重要性。正如《纽约时报》2012年2月的一篇专栏中所称，"大数据"时代已经降临，在商业、经济及其他领域，决策将愈发基于数据和分析而做出，而并非基于经验和直觉。哈佛大学社会学教授加里·金说："这是一场革命，庞大的数据资源使得各个领域开始了量化进程，无论学术界、商界还是政府，所有领域都将开始这种进程。"

随着云时代的来临，大数据也吸引了越来越多的关注。分析师团队认为，大数据通常用来形容一个公司创造的大量非结构化和半结构化数据，这些数据在下载到关系型数据库用于分析时会花费过多时间和金钱。大数据分析常和云计算联系到一起，因为实时的大型数据集分析需要像MapReduce一样的框架来向数十、数百甚至数千台计算机分配工作。"大数据"在互联网行业指的是这样一种现象：互联网公司在日常运营中生成和累积用户网络行为数据。这些数据的规模是如此庞大，以至于不能用G或T来衡量。大数据到底有多大？一组名为"互联网上一天"的数据告诉我们，一天之中，互联网产生的全部内容可以刻满1.68亿张DVD；发出的邮件有2940亿封之多（相当于美国两年的纸质信件数量）；发出的社区帖子达200万个（相当于《时代》杂志770年的文字量）；卖出的手机为37.8万部，高于全球每天出生的婴儿数量37.1万……截至2012年，数据量已经从TB（1024GB=1TB）级别跃升到PB（1024TB=1PB）、EB（1024PB=1EB）乃至ZB（1024EB=1ZB）级别。国际数据公司（IDC）的研究结果表明，2008年全球产生的数据量为0.49ZB，2009年的数据量为0.8ZB，2010年增长为1.2ZB，2011年的数量更是高达1.82ZB，相当于全球每人产生200GB以上的数据。而到2012年，人类生产的所有印刷材料的数据量是 200PB，全人类历史上说过的所有话的数据量大约是 5EB。IBM 的研究称，整个人类文明所获得的全部数据中，有 90% 是过去两年内产生的。而到了 2020 年，全世界所产生的数据规模将达到今天的 44 倍。每一天，全世界会上传超过 5 亿张图片，每分钟就有 20 小时时长的视频被分享。然而，即使是人们每天创造的全部信息——包括语音通话、电子邮件和信息在内的各种通信，以及上传的全部图片、视频与音乐，其信息量也无法企及每一天所创造出的关于人们自身的数字信息量。这样的趋势会持续下去。我们现在还处于所谓“物联网”的初级阶段，而随着技术日趋成熟，我们的设备、交通工具和迅速发展的“可穿戴”科技将能互相连接与沟通，届时产生的数据量更是不可想象。

2. 数据价值

现在，科技的进步已经使创造、信息收集和管理信息的成本降至 2005 年的六分之一，而从 2005 年起，用在硬件、软件、人才及服务之上的商业投资也增长了 50%，达到了 4000 亿美元。一分钟内，推特上新发的数据量超过 10 万；社交网络“脸书”的浏览量超过 600 万……这些庞大的数字，意味着什么？它意味着，一种全新的致富手段也许就摆在你的面前，它的价值堪比石油和黄金。事实上，当你仍然在把微博等社交平台当作抒情或者发议论的工具时，华尔街的金融高手们却正在挖掘这些互联网的“数据财富”，先人一步用其预判市场走势，而且取得了不俗的收益。让我们一起来看看他们是怎么做的，这些数据都能干什么。数据具体有六大价值：

- 华尔街根据民众情绪抛售股票；
- 对冲基金依据购物网站的顾客评论，分析企业产品销售状况；
- 银行根据求职网站的岗位数量，推断就业率；
- 投资机构搜集并分析上市企业声明，从中寻找破产的蛛丝马迹；
- 美国疾病控制和预防中心依据网民搜索，分析全球范围内流感等病疫的传播状况；
- 时任美国总统奥巴马的竞选团队依据选民的 Twitter，实时分析选民对总统竞选人的喜好。“数据是新的石油。”亚马逊前任首席科学家 Andreas Weigend 说。

大数据是如此的重要，以至于其获取、存储、搜索、共享、分析，乃至可视化地呈现，都成为了当前重要的研究课题。

【延伸阅读】

得数据者得天下

我们的衣食住行都与大数据有关，每天的生活都离不开大数据，每个人都被大数据裹挟着。大数据提高了我们的生活品质，为每个人提供创新平台和机会。

人们通过对大数据进行整合分析和深度挖掘，发现规律，创造价值，进而建立起物理世界到数字世界的无缝链接。大数据时代，线上与线下、虚拟与现实、软件与硬件，跨界融合，将重塑我们的认知和实践模式，开启一场新的产业突进与经济转型。

国家行政学院常务副院长马建堂说，大数据其实就是海量的、非结构化的、电子形态存在的数据，通过数据分析，能产生价值、带来商机的数据。

而《大数据时代》的作者维克多·迈尔·舍恩伯格这样定义大数据："大数据是人们在大规模数据的基础上可以做到的事情而这些事情在小规模数据的基础上无法完成。"

大数据是"21世纪的石油和金矿"

工业和信息化部部长苗圩在为《大数据领导干部读本》作序时形容大数据为"21世纪的石油和金矿"，是一个国家提升综合竞争力的又一关键资源。

而马建堂在致辞中也指出，大数据可以大幅提升人类认识和改造世界的能力，大数据正以前所未有的速度颠覆着人类探索世界的方法，焕发出变革经济社会的巨大力量。"得数据者得天下"已成为全球普遍共识。

"从资源的角度看，大数据是'未来的石油'；从国家治理的角度看，大数据可以提升治理效率、重构治理模式，将推动国家治理的变革；从经济增长角度看，大数据是全球经济低迷环境下的产业亮点；从国家安全角度看，大数据能成为大国之间博弈和较量的利器。”马建堂在《大数据领导干部读本》序言中这样界定大数据的战略意义 。

总之，国家竞争焦点因大数据而改变，国家间竞争将从资本、土地，人口、资源转向对大数据的争夺，全球竞争版图将分成数据强国和数据弱国两大新阵营。

苗圩在《大数据领导干部读本》序言中说，数据强国主要表现为国家拥有数据的规模、活跃程度及解释、处置、运用的能力，数字主权将成为继边防、海防、空防之后另一大国博弈的空间，谁掌握了数据的主动权和主导权，谁就能赢得未来。新一轮的大国竞争，并不只是在硝烟弥漫的战场，更是通过大数据增强对整个世界局势的影响力和主导权。

大数据可促进国家治理变革

专家们普遍认为，大数据的渗透力远超人们想象，它正改变甚至颠覆我们所处的时代，将对经济社会发展、企业经营和政府治理等方方面面产生深远影响。

的确，大数据不仅是一场技术革命，还是一场管理革命。它提升人们的认知能力，是进行国家治理变革的基础性力量，在国家治理领域，打造阳光政府、责任政府、智慧政府建设上都离不开大数据，大数据为解决以往的“疾”和“痛点”提供强大支撑；大数据还能将精准医疗、个性化教育、社会监管、舆情监测预警等以往无法实现的环节变得简单、可操作。

中国行政体制改革研究会副会长周文彰认同大数据是一场治理革命。他说：“大数据将通过全息数据呈现，使政府从主观又经验主义的模糊治理方式，迈向‘实事求是数据驱动’的精准治理方式，在大数据条件下，‘人在干、云在算、天在看’，数据驱动的精准治理体系、智慧决策体系、阳光权力平台，都将逐渐成为现实。”

马建堂在为《大数据领导干部读本》作序时也说，对于决策者而言，大数据能实现整个苍穹尽收眼底，可以解决“坐井观天”“一叶障目”“瞎子摸象”“城门失火，殃及池鱼”等问题，另外，大数据是人类认识世界和改造世界能力的升华，它能提升人类“一叶知秋”“运筹帷幄，决胜千里”的能力。

专家们认为，大数据时代开启了政府治理现代化的新途径：大数据助力决策科学化，公共服务个性化、精准化；大数据实现了信息共享融合，推动治理结构变革，从一元主导到多元合作；大数据催生了社会发展和商业模式变革，加速了产业融合。

1.2 大数据与可视化

数据是什么？大部分人会含糊地回答说，数据是一种类似电子表格的东西，或者一大堆数字。有点技术背景的人会提及数据库或者数据仓库。然而这些回答只说明获取数据的格式和存储数据的方式，并未说明数据的本质是什么，以及特定的数据集代表着什么。

数据不仅仅是数字，要想把数据可视化，就必须知道它表达的是什么。事实上，数据是现实世界的一个快照，会传递给我们大量的信息。一个数据点可以包含时间、地点、人物、事件、起因等因素，因此，一个数字不再只是沧海一粟。可是，从一个数据点中提取信息并不像打开一张照片那么简单。你可以猜到照片里发生的事情，但如果对数据心存侥幸，认为它非常精确，并和周围的事物紧密相关，就有可能曲解真实的数据。你需要观察数据产生的来龙去脉，并把数据集作为一个整体来理解。关注全貌，比只注意到局部时更容易做出准确的判断。

当你可视化数据的时候，其实是在将对现实世界的抽象表达可视化，或至少是将它的一些细微方面可视化。可视化是对数据的一种抽象表达，所以，最后你得到的是一个抽象的“抽象”。这并不是说可视化模糊了你的视角。恰恰相反，可视化能帮助人们从一个个独立的数据点中解脱出来，换一个不同的角度去探索它。

1.2.1 数据可视化的概念和意义

数据可视化技术起源于二十世纪八十年代，是一种利用计算机图像技术来处理数据的方法，用图表、动画或者任何更容易表达数据的形式来展现数据，使数据更容易被人们理解。而且有研究表明，人获得的大部分信息都是通过视觉获得的。由此可见，数据可视化对于大量的复杂的数据是多么重要。而且人工智能、数字地球和经济趋势等科学发展都和数据可视化有着密切联系，只有利用和发展数据可视化，才能让这些美好前景全部成真。

随着大数据时代的来临，人们越来越频繁地消费数据信息，逐渐形成了一个庞大的数据消费群体。同时，参与到数据可视化技术研究和开发的人也越来越多，使得数据可视化技术也快速发展。而自从计算机开始应用数据可视化技术，人们也对其进行了改进和发展创新，使得数据可视化技术变得越来越好，下面就来分析大数据时代下的数据可视化技术的发展趋势。

1. 多维叠加式数据可视化应用

随着人们频繁地应用社交网络和消费类应用，人们对于它们的要求也越来越高。多维叠加式数据可视化也就被越来越多的人研究并且应用，其对于年轻人的吸引力也越来越大。例如，我们常常使用的微信，就可以利用自己和对方的地理位置来加好友；在美团等生活化应用上，我们可以搜索自己身边的美食、酒店和KTV等，并且可以在这些应用上查看别人对这些地方的评价，也可以留下自己的评价。在这些数据可视化应用中，用户获取的信息不再是一维的而是多维的。

2. 即时的数据关系可视化发展趋势

数据可视化除了为人们呈现信息外，还有一个非常好的实用功能，那就是通过对许多数据进行比较，从中得到这些数据之间的关系或者呈现出数据发展的趋势。在大数据时代下，这种数据发展趋势的图表非常容易生成，也可以这么说，只要人们收集到信息，就可以利用数据可视化得到这些数据的发展趋势。例如，现在全国风靡的支付宝应用中就有一项电子账单服务，在月末可以生成个人的电子账单，并且可以给出清晰的图表，让人们知道他这一个月各方面花费的比例。其实这种电子账单的生成是十分迅速的，但是却可以满足人们对于数据关联性的要求和需求。

3. 全媒体多平台下的数据可视化

在大数据时代下，海量的数据资源不仅仅在被分析和处理，同时也在被传播和分享。其实，在不知不觉中，数据可视化技术已经贯穿于我们生活的每一个细节，例如我们常用的手机就既是信息收集的工具，也是传播和分享信息的工具。人们现在观看的新闻都是图片和文字交错阐述，电视剧和电影的画面也越来越立体，而且教学过程中也越来越频繁地使用多媒体技术来辅助教学。现如今人们从手机上观看的新闻中都是带着图片或者视频来解释或者展示文字内容的，网络上已经很少有纯文字的新闻了，这是因为人们希望数据变得越来越简单明了。人们对于一些单调的信息和传播方式逐渐失去了兴趣，更加喜欢一些直观的、明了的信息传播方式，而数据可视化则可以很好地满足人们的这一要求。而且随着智能手机、平板电脑和车载电脑等信息传播平台的应用越来越广泛，人们对于数据可视化技术的需求也越来越高，而新的交互手段将会成为数据可视化的发展趋势。随着越来越多的人加入到数据可视化技术的研究和发展中，这部分研究人员既可以促进数据可视化技术的发展，还可以站在用户的角度做出决策。

1.2.2 打造最好的可视化效果

当然存在计算机不需要人为干涉就能单独处理数据的例子。例如，当要处理数十亿条搜索查询的时候，计算机可以找出与查询结果相匹配的文本广告。同样，计算机系统非常善于自动定价，并在数百万个交易中快速判断出哪些具有欺骗性。但是，人类可以根据数据做出更好的决策。事实上，我们拥有的数据越多，从数据中提取出具有实践意义的见解就显得越重要。可视化和数据是相伴而生的，将这些数据可视化，可能是指导我们行动的最强大的机制之一。

可视化可以将事实融入数据，并引起情感反应，它可以将大量数据压缩成便于使用的知识。因此，可视化不仅是一种传递大量信息的有效途径，它还和大脑直接联系在一起，并能触动情感，引起化学反应。可视化可能是传递数据信息最有效的方法之一。研究表明，不仅可视化本身很重要，何时、何地、以何种形式呈现对可视化来说也至关重要。

通过设置正确的场景，选择恰当的颜色甚至选择一天中合适的时间，可视化可以更有效地传达隐藏在大量数据中的真知灼见。科学证据证明了在传递信息时环境和传输的重要性。

1.2.3 数据可视化的运用

数据可视化主旨在于借助图形化手段，清晰有效地传达与沟通信息。但是，这并不是意味着数据可视化就一定因为要实现其功能用途而令人感到枯燥乏味，或者是为了看上去绚丽多彩而显得极端复杂。为了有效地传达信息，美学形式与功能需要齐头并进，通过直观地传达关键的方面与特征，从而实现对于相当稀疏而又复杂的数据集的深入洞察。然而，设计人员往往并不能很好地把握设计与功能之间的平衡，有时会创造出华而不实的数据可视化形式，无法达到其主要目的，也就是传达与沟通信息。

数据可视化与信息图形、信息可视化、科学可视化以及统计图形密切相关。当前，在研究、教学和开发领域，数据可视化仍是一个极为活跃而又关键的方向。“数据可视化”这条术语实现了成熟的科学可视化领域与较年轻的信息可视化领域的统一。

数据可视化系统并不是为了展示用户的已知数据之间的规律，而是为了帮助用户通过认知数据有新的发现，发现这些数据所反映的实质。如图 1.2 所示，CLARITY 成像技术使科学家们不需要切片就能看穿整个人脑。

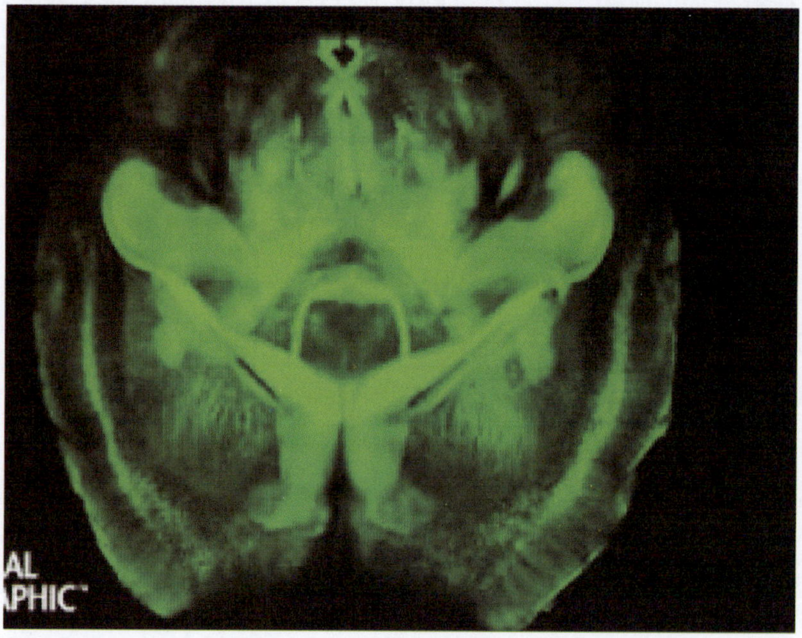

图 1.2　CLARITY 成像技术

信息可视化系统在探索性任务（包含大数据量信息）中有突出的表现，它可以帮助用户从大量的数据空间中找到关注的信息来进行详细的分析。因此，数据可视化主要应用于下面的几种情况。

（1）当存在相似的底层结构，相似的数据可以进行归类时。

（2）当用户处理自己不熟悉的数据内容时。

（3）当用户对系统的认知有限，并且喜欢用扩展性的认知方法时。

（4）当用户难以了解底层信息时。

（5）当数据更适合感知时。

1.3 人工智能和大数据的关系

1. 什么是人工智能

顾名思义，人工智能就是人造智能，其英文表示是“Artificial Intelligence”，简称AI。当然，这只是人工智能的字面解释或广义解释。目前的“人工智能”一词是指用计算机模拟或实现的智能，同时，人工智能又是一个学科名称。

人工智能研究的是如何使机器（计算机）具有智能的科学和技术，特别是自然智能如何在计算机上实现或再现的科学和技术。因此，从学科角度讲，当前的人工智能是计算机科学的一个分支。人工智能虽然是计算机科学的一个分支，但它研究的却不仅涉及计算机科学，而且还涉及脑科学、神经生理学、心理学、语言学、逻辑学、认知（思维）科学、行为科学、生命科学和数学，以及信息论、控制论和系统论等许多学科领域。智能其内涵指“知识 + 思维”；外延指发现规律、运用规律的能力和分析、解决问题的能力。

2. 人工智能的目标

人工智能的研究目标可分为远期目标和近期目标。远期目标是要制造智能机器。具体来讲，就是要使计算机具有看、听、说、写等感知和交互功能，具有联想、推理、理解、学习等高级思维能力，还要有分析问题、解决问题和发明创造的能力。简言之，也就是使计算机像人一样具有自动发现规律和利用规律的能力，或者说具有自动获取知识和利用知识的能力，从而扩展和延伸人的智能。

从目前的技术水平来看，要全面实现上述目标，还存在很多困难。人工智能的近期目标是实现机器智能，即先部分地或某种程度地实现机器的智能，从而使现有的计算机更灵活、更好用和更有用，成为人类的智能化信息处理工具。

【拓展阅读】

那些年，那些战胜人类的机器人

1. 蛮算的“硬汉”——深蓝

1997 年，美国 IBM 公司的“深蓝”超级计算机以 2 胜 1 负 3 平战胜了当时世界排名第一的国际象棋大师卡斯帕罗夫。“深蓝”的运算能力当时在全球超级计算机中居第 259 位，每秒可运算 2 亿步。在今天看来，“深蓝”还算不上足够智能，主要依靠强大的计算能力穷举所有路数来选择最佳策略：**“深蓝”靠硬算可以预判 12 步，卡斯帕罗夫可以预判 10 步，两者高下立现**。“深蓝”是人工智能发展史上的一个里程碑，但用卡斯帕罗夫的话说，它不会因为取得胜利而“感到喜悦”。

2. 以一敌五的“铁人”——浪潮天梭

2006 年，“浪潮杯”首届中国象棋人机大战中，5 位中国象棋特级大师最终败在超级计算机浪潮天梭手下。中国人发明的这项充满东方智慧的模拟战争游戏，被中国超级计算机独占鳌头。值得一提的是，浪潮天梭在比赛中，同时迎战柳大华、张强、汪洋、徐天红、朴风波 5 位大师。在 2 局制的博弈中，**浪潮天梭以平均每步棋 27 秒的速度，每步 66 万亿次的棋位分析与检索能力，最终以 11 ：9 的总比分险胜**。比赛异常激烈，柳大华在两局之间中场休息时，直言“艰苦卓绝”。在这场高强度的消耗战中，计算机最终取胜的关键，被认为是其不知疲倦的稳定性。以往人和人之间的比赛，到了最后时刻就是意志和心态的对决了，看谁能坚持到最后，谁能不犯错误。但是计算机没有这样的问题。

3. 察言观色的全才“学霸”——沃森

2011 年，“深蓝”的同门师弟“沃森”在美国老牌智力问答节目《危险边缘》中挑战两位人类冠军。《危险边缘》以答案的形式给出线索，如“小时候砍了樱桃树”，选手需要以问题作答，如“是乔治·华盛顿吗”。参赛者需要大量历史、文学、政治、科学及流行文化知识，还需要解析隐晦含义和谜语等。虽然比赛时不能接入互联网搜索，但**“沃森”存储了 2 亿页的数据，包括各种百科全书、词典、新闻，甚至维基百科的全部内容**。“沃森”可以在 3 秒内检索数百万条信息并以人类语言输出答案，还能分析题目线索中的微妙含义、讽刺口吻及谜语等。“沃森”还能根据比赛奖金的数额、自己比对手落后或领先的情况、自己擅长的题目领域来选择是否要抢答某一个问题。“沃森”最终轻松战胜两位人类冠军，展示出的自然语言理解能力一直是人工智能界的重点课题。IBM 中国研究院院长沈晓卫介绍说，随着大数据时代的来临，今天的“沃森”正在主力向医疗卫生业进军，通过对患者的个性化数据、大量病例和医疗文献的“学习”，提供最佳诊疗方案。

4. 有棋风的“深度思考者”——AlphaGo

围棋一直被看做是人类最后的智力竞技高地。据估算，围棋的可能下法数量超越了可观测宇宙范围内的原子总数，显然“深蓝”式的硬算在围棋上行不通。阿尔法围棋（AlphaGo）是第一个击败人类职业围棋选手、第一个战胜围棋世界冠军的人工智能机器人，由谷歌旗下 DeepMind 公司戴密斯·哈萨比斯领衔的团队开发。其主要工作原理是“深度学习”。2016 年 3 月，AlphaGo 与围棋世界冠军、职业九段棋手李世石进行围棋人机大战，以 4 比 1 的总比分获胜；2016 年末 2017 年初，该程序在中国棋类网站上以“大师”（Master）为注册账号与中日韩数十位围棋高手进行快棋对决，连续 60 局无一败绩；2017 年 5 月，在中国乌镇围棋峰会上，它与排名世界第一的世界围棋冠军柯洁对战，以 3 比 0 的总比分获胜。围棋界公认阿尔法围棋的棋力已经超过人类职业围棋顶尖水平，在 GoRatings 网站公布的世界职业围棋排名中，其等级分曾超过排名人类第一的棋手柯洁。2017 年 5 月 27 日，在柯洁与 AlphaGo 的人机大战之后，AlphaGo

团队宣布 AlphaGo 将不再参加围棋比赛。2017 年 10 月 18 日，DeepMind 团队公布了最强版阿尔法围棋，代号 AlphaGo Zero。

AlphaGo 与人类顶尖棋手的人机大战注定成为人工智能（Artifical Intelligence, AI）的里程碑事件，当 AI 变得越来越复杂，越来越聪明，以至于在多个领域全面超越人类的时候，那时的 AI 会是提高人类生产力和生活质量的好助手？抑或是彻底控制奴役人类的天网？现在还难以下结论，但可以肯定的是接下来数十年里 AI 对人类生活造成的冲击将是巨大的。

改编自 http://static.nfapp.southcn.com/content/201603/08/c53397.html

3. 人工智能的表现形式

人工智能的表现形式至少有这么几种：智能软件、智能设备、智能网络、智能计算机、智能机器人和更一般的 Agent 等。智能软件的范围比较广泛，譬如，它可以是一个完整的智能软件系统，如专家系统、知识库系统等；也可以是具有一定智能的程序模块，如推理程序、学习程序等，这种程序可以作为其他程序系统的子程序；还可以是有一定知识或智能的应用软件，如文字处理软件 Word 就有一定的英语语法知识，所以在英文文稿的录入、编辑过程中，Word 就表现出一定的智能。智能设备包括具有一定智能的仪器、仪表、机器、设施等，如采用智能控制的机床、汽车、武器装备、家用电器等。这种设备实际上是被嵌入了某种智能软件的设备。智能网络也就是智能化的信息网络。具体来讲，从网络的构建、管理、控制、信息传输，到网上信息发布和检索以及人机接口等，都是智能化的。智能计算机如前所述，而智能机器人则是一种拟人化的智能机器。Agent 是智能主体，即具有智能的实体，具有自主性、反应性、适应性和社会性，它是热门的研究方向。

4. 人工智能的发展概况

现在人们所公认的，人工智能学科正式诞生于 1956 年。需要指出的是，人工智能学科虽然正式诞生于 1956 年的学术研讨会，但实际上它是逻辑学、心理学、计算机科学、脑科学、神经生理学、信息科学等学科发展的必然趋势和必然结果。单就计算机来看，其功能从数值计算到数据处理，再下去必然是知识处理。实际上就其当时的水平而言，也可以说计算机已具有某种智能的成分了。

天才的英国计算机科学家图灵（A.M.Turing）就于1950年发表了题为“计算机与智能”的论文，提出了著名的“图灵测试”，为人工智能提出了明确的设计目标和测试准则。

1956年之后的十多年间，人工智能的研究取得了许多令人瞩目的成就，从符号主义的研究途径来看，主要有：

（1）1956年，美国的纽厄尔、肖和赛蒙合作编制了一个名为逻辑理论机（Logic Theory Machine，简称LT）的计算机程序系统。

（2）1956年，塞缪尔研制成功了具有自学习、自组织、自适应能力的跳棋程序。

（3）1959年，勒洛特发表了可以证明平面几何问题的程序，塞尔夫里奇推出了一个模式识别程序；1965年罗伯特（Robert）编制出了可以分辨积木构造的程序。

（4）1960年，纽厄尔、肖和赛蒙等人通过心理学试验总结出了人们求解问题的思维规律，编制了通用问题求解程序（General Problem Solving，简称GPS）。

（5）1960年，麦卡锡研制成功了面向人工智能程序设计的表处理语言LISP。该语言以其独特的符号处理功能，很快在人工智能界风靡起来。它武装了一代人工智能学者，至今仍然是人工智能研究的一个有力工具。

（6）1965年，鲁宾逊（Robinson）提出了消解原理（也称为归结原理），该原理是谓语逻辑中一个相当有效的机械化推理方法。消解原理的出现，被认为是自动推理，特别是定理机器证明领域的重大突破。

以上研究均以推理为中心，是人工智能的早期，称为人工智能的推理期。

1965年，美国斯坦福大学的费根鲍姆教授研制了基于知识的DENDRAL专家系统，标志着人工智能新时期的开始。随后出现许多专家系统，用于诊病、找矿等工作。1977年费根鲍姆教授提出“知识工程”的概念，使人工智能进入以知识为中心的知识期。

当前人工智能的发展，呈现出如下特点：

- 传统的符号处理与神经计算各取所长，联合作战。
- 一批新思想、新理论、新技术不断涌现。

● Agent（称为“主体”或“智能主体”、“智能体”等）技术和分布式人工智能（DAI）正异军突起，蓬勃发展。

● 应用研究越发深入而广泛。

当今的人工智能研究与实际应用的结合越来越紧密，受应用的驱动越来越明显。事实上，现在的人工智能技术已同整个计算机科学技术紧密地结合在一起了，其应用也与传统的计算机应用越来越相互融合了。

1）人工智能和大数据的关系

这两种技术所具有的一个共同点是兴趣。NewVantage Partners 公司对企业管理人员进行的大数据和人工智能调查发现，97.2% 的企业高管表示他们的公司正在投资、构建或启动大数据和人工智能计划。

更重要的是，76.5% 的企业高管认为人工智能与大数据密切相关，数据的更大可用性正在增强其组织内的人工智能和认知。

有人认为将人工智能与大数据结合在一起是一个很自然的错误，其部分原因是两者实际上是一致的，但它们是完成相同任务的不同工具。因此，我们首先要做的事是先弄清二者的定义，很多人并不知道这些。

咨询巨头 Price Waterhouse Coopers（普华永道）公司的高级研究员 Alan Morrison 说：“我发现很多人对真正的大数据或大数据分析并不太了解，或者只是以几个突出的例子来了解人工智能。”他说，人工智能与大数据一个主要的区别是大数据是需要在数据变得有用之前进行清理、结构化和集成的原始输入，而人工智能则是输出，即处理数据产生的智能。这使得两者有着本质上的不同。

人工智能是一种计算形式，它允许机器执行认知功能，例如对输入起作用或做出反应，类似于人类的做法。传统的计算应用程序也会对数据做出反应，但反应和响应都必须采用人工编码。如果出现任何类型的差错，就像意外的结果一样，应用程序无法做出反应。而人工智能系统不断改变它们的行为，以适应调查结果的变化并修改它们的反应。

支持人工智能的机器旨在分析和解释数据，然后根据这些解释解决问题。通过机器学习，计算机会学习如何对某个结果采取行动或做出反应，并在未来知道采取相同的行动。

而大数据是一种传统计算。它不会根据结果采取行动，而只是寻找结果。它定义了非常大的数据集，但也可以是极其多样的数据。在大数据集中，可以存在结构化数据，如关系数据库中的事务数据，以及结构化或非结构化数据，例如图像、电子邮件数据、传感器数据等。

人工智能和大数据在使用上也有差异。大数据主要是为了获得洞察力，例如Netflix网站可以根据人们观看的内容了解电影或电视节目，并向观众推荐哪些内容。因为它考虑了客户的习惯以及他们喜欢的内容，推断出客户可能对相关内容会有同样的感觉。

人工智能是关于决策和学习做出更好的决定。无论是自我调整软件、自动驾驶汽车还是检查医学样本，人工智能都会在人类之前完成相同的任务，但速度更快，错误更少。

2）人工智能和大数据协同工作

虽然它们有很大的区别，但人工智能和大数据仍然能够很好地协同工作。这是因为人工智能需要数据来建立其智能，特别是机器学习。例如，机器学习图像识别应用程序可以查看数以万计的飞机图像，以了解飞机的构成，以便将来能够识别出它们。

当然，这是数据准备的重要步骤，Morrison指出："人们开始使用的数据是大数据，但是为了训练模型，数据需要结构化和集成到足够好的程度，以便机器能够可靠地识别数据中的有用模式。"

大数据提供了大量的数据，而有用的数据必须首先从大量繁杂的数据中分离出来，然后再做其他事情。人工智能和机器学习中使用的数据已经被"清理"了，无关的、重复的和不必要的数据已经被清除，这是大数据处理的第一步。

在此基础上，人工智能可以蓬勃发展。大数据可以提供训练学习算法所需的数据。人工智能应用程序完成最初的培训后，并不会停止学习。随着数据的变化，它们将继续接收新数据，并调整它们的行动。

大数据分析通过顺序分析来找到模式，有时候找到的是冷数据，或者是没有收集到的数据。

机器学习从收集的数据中学习并不断继续收集数据。例如，自动驾驶汽车从未停止收集数据，并且不断学习和磨炼其流程。数据总以新鲜的方式出现并始终采取行动进行处理。

3）大数据在人工智能中的作用

很多人一定对 1999 年推出的一部电影《黑客帝国》的情节记忆犹新，人类与那些变得聪明的机器殊死搏斗。

人工智能实现最大的飞跃是在大规模并行处理器的出现后，特别是 GPU，它是具有数千个内核的大规模并行处理单元，而不是CPU 中的几十个并行处理单元。这大大加快了现有的人工智能算法的速度。大数据可以采用这些处理器，机器学习算法可以学习如何重现某种行为，包括收集数据以加速机器。

人工智能不会像人类那样推断出结论。它通过试验和错误学习，这需要大量的数据来教授和培训人工智能。

人工智能应用的数据越多，其获得的结果就越准确。在过去，人工智能由于处理器速度慢、数据量小而不能很好地工作。也没有像当今先进的传感器，并且当时互联网还没有广泛使用，所以很难提供实时数据。

如今，人们拥有所需要的一切：快速的处理器、输入设备、网络和大量的数据集。毫无疑问，没有大数据就没有人工智能。

【拓展阅读】

大数据发展的趋势

趋势一：数据的资源化

数据的资源化，是指大数据成为企业和社会关注的重要战略资源，并已成为大家争相抢夺的新焦点。因而，企业必须要提前制订大数据营销战略计划，抢占市场先机。

趋势二：与云计算的深度结合

大数据离不开云处理，云处理为大数据提供了弹性可拓展的基础设备，是产生大数据的平台之一。自 2013 年开始，大数据技术已开始和云计算技术紧密结合，预计未来两者关系将更为密切。除此之外，物联网、移动互联网等新兴计算形态，也将一齐助力大数据革命，让大数据营销发挥出更大的影响力。

趋势三：科学理论的突破

随着大数据的快速发展，就像计算机和互联网一样，大数据很有可能是新一轮的技术革命。随之兴起的数据挖掘、机器学习和人工智能等相关技术，可能会改变数据世界里的很多算法和基础理论，实现科学技术上的突破。

趋势四：数据科学和数据联盟的成立

未来，数据科学将成为一门专门的学科，被越来越多的人所认知。各大高校将设立专门的数据科学类专业，也会催生一批与之相关的新的就业岗位。与此同时，基于数据这个基础平台，也将建立起跨领域的数据共享平台，之后，数据共享将扩展到企业层面，并且成为未来产业的核心一环。

趋势五：数据泄露泛滥

未来几年数据泄露事件的增长率也许会达到100%，除非数据在其源头就能够得到安全保障。可以说，在未来，每个财富500强企业都会面临数据攻击，无论它们是否已经做好安全防范。而所有企业，无论规模大小，都需要重新审视今天的安全定义。在财富500强企业中，超过50%将会设置首席信息安全官这一职位。企业需要从新的角度来确保自身以及客户数据，所有数据在创建之初便需要获得安全保障，而并非在数据保存的最后一个环节，仅仅加强后者的安全措施，此已被证明于事无补。

趋势六：数据管理成为核心竞争力

数据管理成为核心竞争力，直接影响财务表现。当“数据资产是企业核心资产”的概念深入人心之后，企业对于数据管理便有了更清晰的界定，将数据管理作为企业核心竞争力，持续发展，战略性规划与运用数据资产，成为企业数据管理的核心。数据资产管理效率与主营业务收入增长率、销售收入增长率显著正相关。此外，对于具有互联网思维的企业而言，数据资产竞争力所占比重为36.8%，数据资产的管理效果将直接影响企业的财务表现。

趋势七：数据质量是BI（商业智能）成功的关键

采用自助式商业智能工具进行大数据处理的企业将会脱颖而出。其中要面临的一个挑战是，很多数据源会带来大量低质量数据。想要成功，企业需要理解原始数据与数据分析之间的差距，从而消除低质量数据并通过 BI 获得更佳决策。

趋势八：数据生态系统复合化程度加强

大数据的世界不只是一个单一的、巨大的计算机网络，而是一个由大量活动构件与多元参与者元素所构成的生态系统，终端设备提供商、基础设施提供商、网络服务提供商、网络接入服务提供商、数据服务使能者、数据服务提供商、触点服务、数据服务零售商等一系列的参与者共同构建的生态系统。而今，这样一套数据生态系统的基本雏形已然形成，接下来的发展将趋向于系统内部角色的细分，也就是市场的细分；系统机制的调整，也就是商业模式的创新；系统结构的调整，也就是竞争环境的调整等，从而使得数据生态系统复合化程度逐渐增强。

改编自百度百科

1.4 大数据的相关技术

1.4.1 数据挖掘

1. 数据挖掘概述

所谓数据挖掘，就是从大量的、不完全的、有噪声的、模糊的、随机的数据库中，提取隐含在其中的、人们事先不知道的但又是潜在有用的信息和知识的过程。这个定义包括以下 4 个层次的含义：

①数据源必须是真实的、大量的、含噪声的；

②发现的是用户感兴趣的知识；

③发现的知识要可接受、可理解、可运用，最好能用自然语言表达发现结果；

④并不是要求发现放之四海而皆准的知识，也不是要去发现崭新的自然科学定理和纯数学公式，更不是什么机器定理证明，所有发现的知识都是相对的，是有特定前提和约束条件、面向特定领域的。

数据挖掘基于的数据库类型主要有：关系型数据库、面向对象数据库、事务数据库、演绎数据库、时态数据库、多媒体数据库、主动数据库、空间数据库、遗留数据库、异质数据库、文本 Internet 信息库以及新兴的数据仓库（Data Warehouse）等。而挖掘后获得的知识包括关联规则、特征规则、区分规则、分类规则、总结规则、偏差规则、聚类规则、模式分析及趋势分析等。

2. 数据挖掘的主要过程

数据挖掘的核心技术是人工智能、机器学习、统计等，但它并非多种技术的简单组合，而是一个不可分割的整体，还需要其他技术的支持，才能挖掘出令用户满意的结果。清晰地定义出业务问题，认清数据挖掘的目的是数据挖掘的重要一步。挖掘的最后结果是不可预测的，但要探索的问题应是有预见的，为了挖掘而挖掘则带有盲目性，是不会成功的。数据挖掘的主要过程如下：

（1）搜索所有与业务对象有关的内部和外部数据信息，并从中选择出适用于数据挖掘应用的数据。

（2）研究数据的质量，为进一步的分析做准备，并确定将要进行的挖掘操作的类型。

（3）将数据转换成分析模型，这个分析模型是针对挖掘算法建立的，建立一个真正适合挖掘算法的分析模型是数据挖掘成功的关键。

（4）对所得到的经过转换的数据进行挖掘，除了完善所选择的挖掘算法，其余一切工作都能自动地完成。

（5）解释并评估结果，其使用的分析方法一般应根据数据挖掘操作而定，通常会用到可视化技术。

（6）将分析所得到的知识集成到业务信息系统的组织结构中去。总之，数据挖掘过程需要多次的循环反复，才有可能达到预期的效果。

3. 数据挖掘的主要方法

原有数据库技术只是将数据有效地组织和存储在数据库中，并对这些数据做一些简单的分析，大量的隐藏在数据内部的有用信息我们无法得到。而机器学习、模式识别、统计学等领域却有大量的提取知识的方法，但没有和实际应用中的海量数据结合起来，很大程度上只是对实验数据或学术研究发挥作用。数据挖掘从一个新的角度将数据库技术、机器学习、统计学等领域结合起来，从更深层次中发掘存在于数据内部的有效的、新颖的、具有潜在效用的乃至最终可理解的模式。

由此，我们可以根据数据挖掘方法所属领域的不同将其分为几类。

1）数学统计方法

使用这些方法一般先要建立一个数学模型或统计模型，然后根据这种模型取出有关的知识。例如，可由训练数据建立一个 Bayesian 网，然后，根据该网的一些参数及联系权重提取出相关的知识。

2）神经网络方法

神经网络由于本身良好的鲁棒性、自组织、自适应性、并行处理、分布存储和高度容错等特性非常适合解决数据挖掘的问题，因此近年来越来越受到人们的关注。典型的神经网络模型主要分三大类：以感知机 BP 反向传播模型、函数型网络为代表的，用于分类、预测和模式识别的前馈式神经网络模型；以 Hopfield 的离散模型和连续模型为代表的，分别用于联想记忆和优化计算的反馈式神经网络模型；以 123 模型、Koholon 模型为代表的，用于聚类的自组织映射方法。

3）粗集方法

粗集方法是一种研究不精确、不确定知识的数学工具。粗集方法有以下几个优点：不需要给出额外信息；简化输入信息的表达空间；算法简单，易于操作。粗集方法处理的对象是类似二维关系表的信息表。目前成熟的关系数据库管理系统和新发展起来的数据仓库管理系统，为粗集方法的数据挖掘奠定了坚实的基础。但粗集方法的数学基础是集合论难以直接处理连续的属性。而现实信息表中连续属性是普遍存在的。因此连续属性的离散化是制约粗集方法实用化的难点。

4）覆盖正例排斥反例方法

它是利用覆盖所有正例、排斥所有反例的思想来寻找规则。首先在正例集合中任选一个种子，再到反例集合中逐个比较。与字段取值构成的“选择子”相容则舍去，相反则保留。按此思想循环所有正例种子，将得到正例的规则（“选择子”的合取式）。比较典型的算法有 Michalshi 的 AQ11 方法等。

5）统计分析方法

在数据库字段项之间存在两种关系：函数关系（能用函数公式表示的确定性关系）和相关关系（不能用函数公式表示，但仍是相关确定性关系），对它们的分析可采用统计学方法，即利用统计学原理对数据库中的信息进行分析，可进行常用统计、回归分析、相关分析、差异分析等。

6）模糊集方法

模糊集方法即利用模糊集合理论对实际问题进行模糊评判、模糊决策、模糊模式识别和模糊聚类分析。系统的复杂性越高，模糊性越强，一般模糊集合理论是用隶属度来刻画模糊事物的亦此亦彼性的。李德毅院士等人在传统模糊理论和概率统计的基础上，提出了定性定量不确定性转换模型———云模型，并形成了云理论。

4. 数据挖掘的主要任务

数据挖掘的两个高层目标是预测和描述，前者指用一些变量或数据库的若干已知字段预测其他感兴趣的变量或字段的未知的或未来的值；后者指找到描述数据的可理解模式。数据挖掘技术的目标是从大量数据中，发现隐藏于其后的规律或数据间的关系，从而服务于决策。

1）数据总结

数据总结目的是对数据进行浓缩，给出它的总体综合描述。通过对数据的总结，数据挖掘能够将数据库中的有关数据从较低的个体层次抽象总结到较高的总体层次上，从而实现对原始基本数据的总体把握。传统的也是最简单的数据总结方法是利用统计学中的方法计算出数据库的各个数据项的总和、平均、方差、最大值、最小值等基本描述统计量。或利用统计图形工具，制作数据直方图、饼状图等。利用 OLAP 技术实现数据的多维查询也是一种广泛使用的数据总结的方法。

分类的主要功能是学会一个分类函数或分类模型（也常称作分类器），该模型能够根据数据的属性将数据分派到不同的组中。即，分析数据的各种属性，并找出数据的属性模型，确定哪些数据属于哪些组。这样我们就可以利用该模型来分析已有数据，并预测新数据将属于哪一个组。分类应用的实例有很多。例如，我们可以将银行网点分为好、一般和较差三种类型，并以此分析这三种类型银行网点的各种属性，特别是位置、盈利情况等属性，并决定它们分类的关键属性及相互间的关系。此后就可以根据这些关键属性对每一个预期的银行网点进行分析，以便决定预期银行网点属于哪一种类型。

数据库中的数据一般都存在着关联关系，也就是说，两个或多个变量的取值之间存在某种规律性。这种关联关系有简单关联和时序关联两种。简单关联，例如，购买面包的顾客中有 90% 的人同时购买牛奶。时序关联，例如，若 AT&T 股票连续上涨两天且 DEC 股票不下跌，则第三天 IBM 股票上涨的可能性为 75%。它在简单关联中增加了时间属性。关联分析的目的是找出数据库中隐藏的关联网，描述一组数据项目的密切度或关系。有时并不知道数据库中数据的关联是否存在精确的关联函数，即使知道也是不确定的，因此关联分析生成的规则带有置信度，置信度级别度量了关联规则的强度。关联模型的一个典型例子是市场菜篮分析，通过挖掘数据派生关联规则，可以了解客户的行为。

当要分析的数据缺乏描述信息，或者是无法组织成任何分类模式时，可以采用聚类分析。聚类分析是按照某种相近程度度量方法，将用户数据分成一系列有意义的子集合。每一个集合中的数据性质相近，不同集合之间的数据性质相差较大。统计方法中的聚类分析是实现聚类的一种手段，它主要研究基于几何距离的聚类。人工智能中的聚类是基于概念描述的。概念描述就是对某类对象的内涵进行描述，并概括这类对象的有关特征。概念描述分为特征性描述和区别性描述，前者描述某类对象的共同特征，后者描述不同类对象之间的区别。

2）数据挖掘研究的现状

国际上第一次关于数据挖掘与知识发现的研讨会于 1989 年 8 月在美国底特律召开，当时仅有数十人参加，此后发展很快，1993 年 IEEE 的 Knowledge and Data Engineering 率先出版了 KDD 专刊，1995 年提升为每年举办一次的国际学术大会。另外，从 1997 年开始，数据挖掘拥有了自己的杂志 Knowledge Discovery and Data Mining。目前 DM 技术在货篮数据（Basket Data）分析、保险业务、金融风险预测、产品产量和质量分析、分子生物学、基因工程研究、Internet 站点访问模式发现以及信息检索和分类等许多领域得到了成功的应用。

1.4.2 机器学习

1. 机器学习的定义

机器学习（Machine Learning）是研究计算机怎样模拟或实现人类的学习行为，以获取新的知识或技能，重新组织已有的知识结构使之不断改善自身的性能。它是人工智能的核心，是使计算机具有智能的根本途径，其应用遍及人工智能的各个领域。

机器学习的研究是根据生理学、认知科学等对人类学习机理的了解，建立人类学习过程的计算模型或认识模型，发展各种学习理论和学习方法，研究通用的学习算法并进行理论上的分析，建立面向任务的具有特定应用的学习系统。这些研究目标相互影响、相互促进。

2. 机器学习的重要性

学习是一项复杂的智能活动，学习过程与推理过程是紧密相连的，按照学习中使用推理的多少，机器学习所采用的策略大体上可分为 4 种——机械学习、通过传授学习、类比学习和通过事例学习。学习中所用的推理越多，系统的能力越强。

在机器学习领域，传统的学习方法主要有两种：监督学习和无监督学习。

无监督学习（Unsupervised Learning）是指给定一组数据，这些数据从外表上来看没有什么差别，都落在了坐标轴上，我们的目标是从中找出结构，并将其分组，但是我们能够很清晰地将这些点分成两组。例如，在 Google News 中，会将一些新闻进行聚类（分组），即每个大类的新闻下面都会有多个 URL，这些 URL 虽然来自不同的网站，但是都是这一类新闻。

又如，两个人在话筒前面同时说话，录音后发现这两个人的声音混杂在一起，但是如果通过非监督学习，则可以将这两个人的声音分离开来。关于监督学习和无监督学习将会在后续的章节中进行解释。在这里仅对半监督学习进行简单介绍。

半监督学习（Semi-supervised Learning）是模式识别和机器学习领域研究的重点问题，是监督学习与无监督学习相结合的一种学习方法。它主要考虑如何利用少量的标注样本和大量的未标注样本进行训练和分类的问题。半监督学习对于减少标注代价，提高学习机器性能具有非常重大的实际意义。

半监督学习的主要算法有 5 类：基于概率的算法、在现有监督算法基础上做修改的方法、直接依赖于聚类假设的方法、基于多视图的方法、基于图的方法。

半监督学习从诞生以来，主要用于处理人工合成数据，只在实验室试用，还没办法在某个现实领域得到应用，也就是说，其现实意义没体现出来。因此，半监督学习的实际应用价值问题值得更多的研究。

3. 机器学习的研究意义

学习是人类具有的一种重要智能行为，但究竟什么是学习，长期以来却众说纷纭。社会学家、逻辑学家和心理学家都各有其不同的看法。

比如，Langley 提出的定义是“机器学习是一门人工智能的科学，该领域的主要研究对象是人工智能，特别是如何在经验学习中改善具体算法的性能”。

Tom Mitchell 对信息论中的一些概念有详细的解释，其中定义机器学习时提到，“机器学习是对能通过经验自动改进的计算机算法的研究。”

Alpaydin 同时提出自己对机器学习的定义：“机器学习是用数据或以往的经验，以此优化计算机程序的性能标准。”

尽管如此，为了便于进行讨论和估计学科的进展，有必要对机器学习给出定义，即使这种定义是不完全和不充分的。顾名思义，机器学习是研究如何使用机器来模拟人类学习活动的一门学科。稍为严格的提法是：机器学习是一门研究机器获取新知识和新技能，并识别现有知识的学问。这里所说的“机器”，指的就是计算机、电子计算机、中子计算机、光子计算机或神经计算机等。

4. 机器学习的重要表现

机器学习的重要表现在下列方面：

（1）机器学习已成为新的边缘学科并在高校形成一门课程。它综合应用心理学、生物学和神经生理学以及数学、自动化和计算机科学形成机器学习理论基础。

（2）结合各种学习方法，多种形式的集成学习系统研究正在兴起。特别是因连接学习符号学习的耦合可以更好地解决连续性信号处理中知识与技能的获取与求精问题而受到重视。

（3）机器学习与人工智能各种基础问题的统一性观点正在形成。例如，由学习与问题求解结合进行、知识表达便于学习的观点，产生了通用智能系统 SOAR 的组块学习。基于类比学习与问题求解结合的案例方法已成为经验学习的重要方向。

（4）各种学习方法的应用范围不断扩大，一部分已形成商品。归纳学习的知识获取工具已在分类型诊断专家系统中广泛使用。连接学习在声音图文识别中占优势。分析学习已用于设计综合型专家系统。遗传算法与强化学习在工程控制中有较好的应用前景。与符号系统耦合的神经网络连接学习将在企业的智能管理与智能机器人运动规划中发挥作用。

（5）与机器学习有关的学术活动空前活跃。国际上除每年一次的机器学习研讨会外，还有计算机学习理论会议以及遗传算法会议。

5. 机器学习系统的主要特点

（1）目的性——系统的学习行为是有高度目的性的，即系统知道学习什么。

（2）结构性——系统必须具备适当的结构来记忆已学到的东西，即能够修改并完善知识表示与组织的形式。

（3）有效性——系统学习到的知识应受到实践的检验，新知识必须对改善系统的行为起有益的作用。这一观点称为机器学习的发展标准。

（4）开放性——系统的能力应在实际使用过程中，在不同环境进行信息交互的过程中不断变化。

近年来，国内对有关机器学习的研究发展较快，主要在泛化能力的研究、监督学习算法向多示例算法转换的一般准则、机器学习技术在工作流模型设定中的应用、机器学习技术在数据挖掘中的商业应用、基于机器学习的入侵检测技术、人工智能原理在人类学习中的应用等领域得到了广泛的应用并且得以发展。

DARPA（美国国防部高级研究计划局）于2003年开始启动5年期PAL（Perceptive Assistant that Learns）计划，这是一个以机器学习为核心的计划（涉及AI的其他分支，如知识表示和推理、自然语言处理等）。

例如，汽车自动驾驶。当汽车在路况复杂的道路上行驶时，由计算机控制车辆自动行驶可以大大减少交通事故的发生。机器学习算法的核心是决定车辆继续前进，还是左转、右转。机器学习的主要任务是从立体视觉中学习如何在高速公路上行驶，要根据观察人类的驾驶行为记录各种图像和操纵指令，并且要将各种图像和指令进行正确分类。

在学习对天文物体进行分类、生物技术、计算机系统性能的预测、银行业信用卡盗用检测、美国邮政服务属性识别、互联网文档自动分类等方面，人工智能同样也在不同的层面和角度上快速发展壮大。

1.4.3 神经网络

神经网络方法可以自主地从数据中提取知识，具有较强的迁移性，特别适合于大数据的分析。近年来，世界上各大知名企业和高校，如Google、微软、百度、斯坦福大学（Stanford University）、加利福尼亚大学伯克利分校（UC Berkeley）等，相继斥重金和投入大量人力研究基于人工神经网络的大数据分析方法，并不断在语音大数据、图像大数据、文本大数据等大数据应用领域取得了巨大的突破，极大地推动了大数据商业应用与科学研究的变革与发展。这些研究成果也揭示了一个定律，即“大数据 + 神经网络 = 巨大的成功”。

人工神经网络是一种模拟大脑大数据分析机制的计算方法，属于认知计算的连接主义流派。其研究内容主要包括：模拟大脑神经网络结构，构建神经网络结构模型；模拟大脑神经网络的记忆机制，发展学习算法。

1. 神经网络结构

大脑神经网络由神经元相互连接构成，其含有大约 1011 个神经元，每个神经元有大约 104 个连接。信息在大脑神经网络中流动，经由神经网络计算而产生智能。大脑神经网络主要分布于大脑新皮层，可划分为多个功能区域。大脑新皮层由一系列的神经柱构成，每个神经柱又由多个神经元构成。大脑新皮层的功能区域相互连接形成层级结构。这些不同层级区域依靠神经柱内复杂的连接进行相互通信。对大脑神经元、神经柱、皮层区域以及大脑神经元和皮层区域的连接机制建模，将构成基本的神经网络模型。

目前，神经网络模型主要包含：前馈神经网络、回复式神经网络和层级时序记忆神经网络。这 3 种神经网络分别针对大脑神经网络的不同特性进行模拟，并取得了成功的应用。

（1）前馈神经网络（Feedforward Neural Networks，FNN）是对大脑神经网络建模的最初尝试，也是一种最简单的神经网络模型。前馈神经网络由多层组成，每一层包含多个神经元。不同层通过神经元之间的前向连接而连接起来，任意一层只接受它前面层的输出为输入。因此，在前馈神经网络中，信息沿一个单一的方向流动，即从输入层，经过隐层（一般有多个），流向输出层。只要提供充足的神经元和合适的激活函数，前馈神经网络可以任意精度逼近任意的非线性映射。得益于此，前馈神经网络可以有效提取数据的空间结构特征。前馈神经网络具有多种结构和实现方法，如感知机、深度自动编码机、卷积神经网络，对这些网络的研究均取得了丰硕的研究成果。其中，卷积神经网络于 2012 年在大规模图像识别领域的权威竞赛 ImageNet 中一举夺冠，自此蝉联该比赛的冠军，进而席卷整个计算机视觉研究领域。

（2）递归神经网络（Recurrent Neural Networks，RNN）是受大脑神经网络中反馈连接的启发，在神经网络中引入递归式连接而形成的特殊神经网络模型。在递归神经网络中，不同层的神经元相互连接，而且同层的神经元之间也会通过递归式连接来相互传递信息。这些递归式连接使得递归神经网络保持一定的内部状态（记忆），进而可以刻画其动力学行为。得益于此，递归神经网络可高效提取序列数据的时序特征。现在广泛使用的递归神经网络包括简单递归网络、长短期记忆模型（Long Short-Term Memory，LSTM）以及门限递归神经元（Gated Recurrent Unit，GRU）等。其中，长短期记忆模型在语音识别、图像理解、视频分析、自然语言处理等领域取得了巨大成功。

（3）层级时序记忆神经网络（Hierarchical Temporal Memory，HTM）是一种模拟人脑新皮层记忆—预测理论的神经网络模型，其重要特性为：对时空模式的组合进行表示，不显示地区，分学习（训练）和回忆（测试）阶段。在 HTM 中，高层神经细胞通过竞争方式组合表示低层模式，形成稀疏表示，使得模式具有更高的可区分性。在接受模式序列的过程中，HTM 会根据当前的模式和已经学习的序列获得全局匹配程度，进而决定是否进行学习。该网络由 Numenta 公司创始人 Hawkins 及其合作者提出。该公司积极研发推广相应的产品，将其成功地应用于异常诊断、股票分析等。

2. 神经网络学习算法

神经网络的结构决定了其解决问题的能力，而学习机制决定了其能否发挥这种能力。整个大脑新皮层是一个记忆系统，以恒定形式来记忆模式和模式序列。模式是大脑神经网络形成的记忆，反映了其学习的知识，在大脑皮层中按照层级结构存储并以自联想方式回忆。神经科学相关研究表明，记忆以动力学系统吸引子的方式存在。大脑神经网络的学习是指其记忆形成的过程，反映为神经元连接的形成与修改。

模拟大脑神经网络的记忆学习机制，结合数学方法，可发展出有效的神经网络学习算法。现有著名的神经网络学习算法主要为 Hebb 规则、反向传播算法。

Hebb 指出，“行为可以由神经元的活动解释”，并提出著名的 Hebb 规则：神经元之间的突触连接会随着突触两端神经元的激活而增强。基于此，可得到神经网络的 Hebbian 学习算法。

反向传播算法则从数学优化理论出发进行神经网络训练，被广泛应用于多层神经网络的训练。在反向传播算法中，使用性能函数来刻画网络性能，并采用梯度下降算法更新网络连接权值以优化网络性能，进而实现网络的学习。计算深度神经网络中性能函数对连接权值的梯度比较复杂，反向传播算法创造性地定义了敏感度函数，并使用链式法则，可有效地计算多层网络中连接权值的梯度。

3. 神经网络发展历程及其影响

神经网络经历了 2 次低谷和 3 次高潮。十九世纪五十年代，以感知机为代表的第 1 代神经网络诞生，极大鼓舞了人工智能科学研究与产业化进程，自此神经网络第 1 次兴起。1969 年，Minsky 等指出单层感知机网络无法解决很简单的“异或”问题（尽管多层感知机可以很好地解决相关问题），抨击了其局限性，直接导致神经网络陷入第 1 次低谷期（人工智能的寒冬）。1982 年，Hopfield 等提出 Hopfield 网络并较好地解决旅行商问题，神经网络开始复苏。1986 年，随着反向传播算法被广泛应用于多层网络训练，神经网络第 2 次兴起。然而，由于反向传播算法中的梯度消失及陷入局部最优的问题，再加上当时计算资源和数据资源的局限性，神经网络很难具体应用。很快地，神经网络陷入第 2 次低谷期。直至 2006 年，Hinton 等在《科学》上撰文阐述基于神经网络的降维方法，提出通过逐层训练来初始化网络参数的方法，有效地解决了神经网络陷入局部最优的问题，其提出的“深度学习”的概念将神经网络再次带回人们的视野，神经网络迎来第 3 次兴起。2012 年，Hinton 及其合作者相继采用神经网络方法突破性地提高了语音识别、图像识别的准确率，极大地鼓舞了学术界与企业界对神经网络的研究与投入，使得神经网络蓬勃发展。如今，在大数据时代，伴随着计算资源的急速增长和神经科学的进一步发展，基于神经网络的大数据分析方法遍地开花。2016 年 1 月，《自然》宣布 Google 研发出基于神经网络的 AlphaGo 战胜了欧洲围棋冠军，3 月 Alpha Go 一举击败世界围棋冠军李世石，这将神经网络的研究再一次推向高潮。自此，神经网络可望长期引领人工智能与大数据产业。

【拓展阅读】

大数据与墙的故事

一直以来，大数据与商业密不可分。有了数据就能预测公众喜好，自然谁都想来分一杯羹。但如今巨大的数据流量在全世界传播，如何管理这些数据就成了问题，是把管理权限上交给国家，还是私人企业？

大数据就是金钱！

160年前，第一条横跨大西洋的电报沿着摇摇欲坠的海底电缆从英国来到了美国，如图1.3所示。它一共由21个单词组成，最终花了17个小时才到达美国。

图1.3 第一条跨洋电缆

今天，同样的信息，同样的距离只需要60ms。密集的光纤网络遍布世界，在全球范围内传播着大量的信息。据麦肯锡全球研究院（McKinsey Global Institute）估计，每一秒钟就有543TB的数据流过国界，其总数据量相当于约1300万份莎士比亚全集。

全球信息交换的速度和数量不是唯一飙升的东西，它具有的经济意义也与日俱增。数据可以说是全球资本主义的生命线。相比于阿里巴巴和京东的物流运输，数据的快速流动更有助于提升GDP。换句话说，跨国界的信息交流比运输粮食和生活用品有更高的经济价值。所以从某种意义上讲，数据就是金钱。

数据的黑暗面

近几年，越来越多的人已经认识到这些数据有黑暗的一面。信息革命也绝不是彻底的自由。数据组成的网络并不能带来民主；相反，我们应该关心的是谁拥有它以及如何运用它。

随着我们越来越多的生活信息被数据化，控制这些数据的公司变得富裕和强大起来，他们对我们了如指掌，从我们最常用的厕纸到我们最喜欢的视频。他们没有止步于了解我们，随后利用这些信息，结合计算机的算法来推测我们将来的决定。例如我们对什么样的新闻买账（如果你看新闻），或者我们骑摩拜单车常去哪里。

在摩拜单车GPS定位和物联网精细化管理下，每一位摩拜用户的骑行次数、轨迹、时长、高频骑行时间等，都变成了大数据沉淀在摩拜单车智能出行共享平台上，然后通过云计算等汇总、筛选、分析出更具价值的信息，了解哪些区域的人们最需要摩拜单车，哪些区域则相反；哪个时段人们的出行痛点更多；人们有哪些潜在的产品需求，等等。

大家往往强调这些是私人数据，只为掩盖这样一个事实：数据不仅仅是个人数据，它们是有商业价值、工业价值的。现在的企业无比依赖这些数据，要想盈利，最好的办法就是把这些数据的管理权抓在手上。

可以说，全球数据的流通实际上就是资本的全球流通。数据的流动对全球的财富和劳动力具有重大影响。

数据流通使发达国家的雇主能够将更多的工作外包给发展中国家的工人。他们帮助企业协调复杂的供应链，用廉价劳动力来填满制造业的就业岗位。数据的流通也使得一些大公司主宰市场，垄断世界各地的数字基础设施。

谁来管理大数据，是企业还是国家？

出于这些原因，各国政府希望制定有关信息如何跨越国界的规则。许多企业也有类似的主张，要求制定数据流量全面自由化的国际协议。互联网协会是代表谷歌、Facebook和其他科技巨头的主要游说团体，他们希望各国政府可以放松数据管制，实现“现代化”的北美贸易协定（NAFTA）。

根据互联网协会的规定：

（1）在信息获得的国家，政府不得要求存储或处理敏感的个人信息等特定数据。换句话说，在中国获取的敏感数据必须存储在第三方国家。

（2）政府不应该将 Facebook 和 Google 等平台视为发布商，平台也不需要对其网站上显示的内容负责。

（3）政府不应该要求公司披露其算法的秘密，比如：微博、热搜。

（4）政府也不应该对数字贸易征收任何关税。

给各国政府提出这么多要求，的确“勇气可嘉”。科技公司对于信息的掌握的权力越来越大，与此同时，这些公司也想要大大限制普通群众管理数据的能力，而让这些数据为自己所用。

改编自百度 TA 说 https://wapbaike.baidu.com/tashuo/browse/content?id=45bd8fd350d6aab5b6d81047

第2章 大数据概述

在互联网背景下，大数据成为炙手可热的话题，针对大数据的研究和应用在近几年的工业界和学术界引起广泛的讨论。谈到大数据，人们往往着眼于“大”这个关键字。尽管表述简单，但是大数据的“大”不仅仅是指数据量很大。这个关键字可以引申为一个具体的大数据科学，覆盖多个领域，例如金融、物流、城市基建等。本章从大数据的概念入手，首先通过多个例子引出大数据的概念，然后详细讨论了大数据的来源、多种特征，以及目前在工业界和学术界常用的大数据工具。通过本章的学习，我们可以对大数据这一概念有一个基本的认知了解。

2.1 数据处理与大数据

在讨论大数据之前，我们需要指出一个重要概念：数据处理。在人类历史中，数据处理工作一直存在，这个概念并不新鲜。人类知识的重要来源之一就是数据处理。而大数据则是一个全新的概念。它的发展仅有几十年的历史，而成为我们生活中的一部分则仅仅只有几年的时间。因为，从数据处理的角度，我们提出两个概念，即古典数据处理和大数据处理。前者指人类在历史中所掌握的经典的数据处理方式，而后者为本书着重介绍的概念。在讨论大数据的概念之前，我们首先看两个例子。

2.1.1 古典数据处理案例

司马迁是一位家喻户晓的历史学家，他著有《史记》一书。从计算机科学的角度看，司马迁编写《史记》的过程可以解读为一个经典的古典数据处理案例。在编写《史记》的过程中，司马迁遍访全国，收集整理史书记载、民间传说，然后整合编写出一部伟大的纪传体史书。

在这个例子中，我们可以把民间和官方的历史信息看作数据。需要指出的是，这种数据概念和我们在互联网时代接触的数据在表示上有所不同。从狭义上解释，这种古典数据不同于我们接触的以数据化、网络化所表示的数据。从广义上讲，数据不仅是互联网时代下生成的数字，而且是包含众多潜在知识的信息。

在司马迁编写《史记》的过程中，官方以文字形式进行的记载、民间口述的故事或是歌谣，都包含了大量对于撰写历史记录的重要的信息。这些信息往往是非结构化的，即信息表现的结构没有统一的格式。而信息表达的本体往往是语言文字。这是古典数据处理的重要特点，即数据本体非结构化。对于整理这种数据，古典数据处理往往需要足够的人力和智慧，将其整理归纳为结构化的知识。在司马迁的例子中，这种结构化的知识就表现为《史记》本体，而古典数据处理的结果则为司马迁在《史记》中表达的记录和观点。

古典数据处理一直存在。目前各个国家保留下来的重要书籍、绘画、音乐等各种可以蕴含知识的载体都可以看成古典数据处理的结果。而接下来我们将介绍现代大数据处理的例子。

2.1.2 现代数据处理案例

Facebook 作为一个在近几年里积累了超过 14 亿全球用户的社交网络平台储存了大量的数据。从图 2.1 所示关于 Facebook 每月活跃用户数量增长历史中可以清楚发现，截至 2017 年，Facebook 每月的活跃用户人数超过 20 亿，这就意味着每月将会有 20 亿的用户在其平台上产生数据，因此这也使得它成为数据处理的标志例子之一。根据 2015 年社交媒体报告指出，在 Facebook 平台上平均每天有 100 亿条消息被发布，45 亿个“赞”被点击，超过 5 亿幅照片或视频被上传。

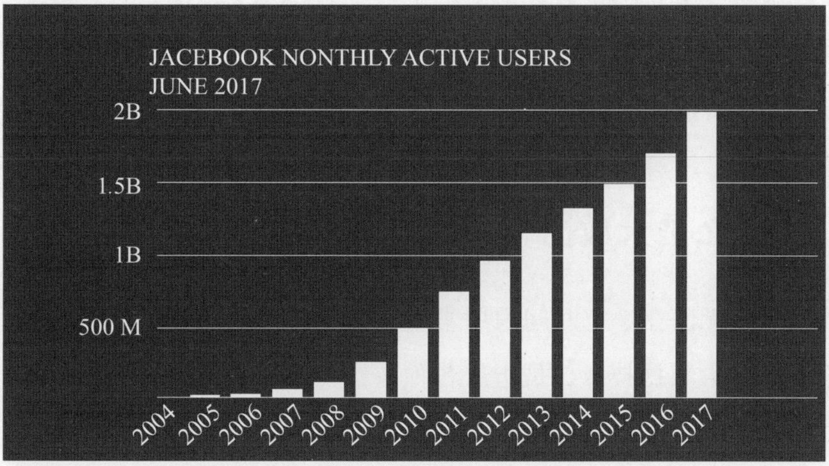

图 2.1 Facebook 每月活跃用户数量增长历史
（来源：https://sproutsocial.com/insights/facebook-stats-for-marketers/）

与古典数据处理时期相比，我们可以看到在 Facebook 这种标志性互联网平台上数据处理任务体现了多种不同的特征。

首先数据量很大。在前互联网时代，计算机的存储能力体现在可以保留大量的信息。比如一台计算机可以储存一个小型图书馆的信息。但是在互联网时代，单台的计算机甚至无法完成处理 Facebook 一天生成的数据。

其次，数据表现出结构化和非结构化并存的状态。在 Facebook 中，用户发送的文字信息往往是非结构化的，而图片和视频信息由于格式协议的存在，我们可以把它们看成半结构或是结构化的数据。因此数据处理任务表现得更为复杂。

Facebook 的例子可以看成互联网时代下大数据处理的重要案例。其公司的首席分析师 Ken Rudin 曾提到：“大数据关系到公司的生死存亡。”

“Facebook依赖于Hadoop（分布式系统基础架构）式的一个大规模装置，那是一个通过廉价服务器群来解决问题的可拓展的计算机开放源代码框架。出于这个目的，Facebook甚至设计了自己的硬件设备，而Hadoop只是Facebook应用的众多大数据技术的一种。”

——Ken Rudin

这段话表现出，在大数据处理的任务中，新兴的计算机工具扮演了重要角色。而在其中，大数据处理的语言和对应的平台则是本书关注的重点。接下来，根据我们所讨论的例子，将引出大数据处理的概念、工作流程，以及在互联网时代下大数据处理的重要特征。

2.2 什么是大数据

大数据是指无法在一定时间内用常规软件工具对其内容进行抓取、管理和处理的数据集合。大数据技术，是指从各种各样类型的数据中，快速获得有价值信息的能力。其中适用于大数据的技术包括：

- 大规模并行处理（MPP）数据库；
- 数据挖掘；
- 分布式文件系统；
- 分布式数据库；
- 云计算平台；
- 互联网；
- 可扩展的存储系统。

大数据由巨型数据集组成，这些数据集大小常常超出人类在可接受时间下的收集、使用、管理和处理能力。大数据的大小经常改变，截至2012年，单一数据集的大小从数太字节（TB）至数十兆亿字节（PB）不等。根据相关报道监测统计，2017年全球的数据总量为21.6ZB，目前全球数据的增长速度每年在40%左右，预计到2020年全球的数据总量将达到40ZB。

为了更好地方便读者理解数据总量大小的概念，我们提供了数据大小换算表，如表 2.1 所示。

表 2.1　数据大小换算表

名　称	符　号	等　于
KiloByte	KB	1024B
MegaByte	MB	1024KB
GigaByte	GB	1024MB
TeraByte	TB	1024GB
PetaByte	PB	1024TB
ExaByte	EB	1024PB
ZettaByte	ZB	1024EB
YottaByte	YB	1024ZB

相信通过上面的数据大小换算表，我们能够明白 40ZB 是极其庞大的数据。根据机构预测，全球大数据市场规模在 2022 年前，年均复合增长率约为 15.37%，市场规模将达 805 亿美元。

在了解了如此庞大的数据和这些数据所能带给人们的价值后，我们应该考虑这些数据是如何经过加工处理后转换为市场规模 805 亿美元的价值呢？原始的数据对于一家企业或者是一个行业并不具备非常重大的意义，数据的可贵之处在于其价值会随着不断的数据加工而不停地增长，从而被应用在更多产品或者行业中。因此下面介绍大数据的基本工作处理流程。

2.3　大数据工作流程

在目前行业中较为常用的数据处理流程如图 2.2 所示。

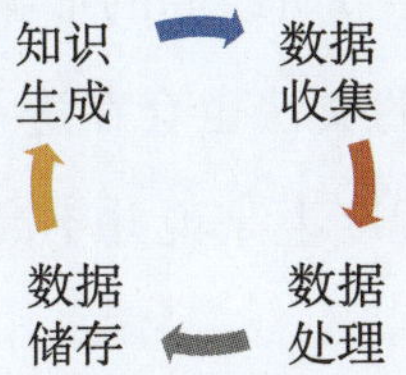

图 2.2　大数据处理四个主要流程

总的来说，整个数据工作流程可以大致划分为 4 步，分别是数据收集、数据处理、数据储存及知识生成（或者是数据分析）。其中数据处理包括了数据清理这部分的工作，具体内容会在后续进行阐述。这 4 个步骤构成了一个数据工作的生命周期。接下来我们具体来了解一下各个步骤中的主要工作内容。

2.3.1 数据收集

数据收集为大数据处理的最初任务，指为大数据处理收集足够的、未经过任何加工的原始数据。在古典的数据处理中，这种收集往往是由人工完成的，需要耗费大量的人力物力。在现代互联网时代中，各个平台以及移动应用程序已经产生了数量巨大的数据。因此，如何完成数据收集在现代大数据处理中需要被重新定义。

首先，在现代大数据收集中需要收集足够多的数据。所收集的数据大小是否足够可以被理解为是否足够支持大数据分析并且得出可靠结论的数量。总的来说可以认为对数据有定量和定性这两方面的要求。

1. 定量

如果你了解机器学习，那么一定知道监督学习的概念（监督学习内容会在后续章节中进行介绍），即利用对应的机器学习算法，通过学习标注数据，从而达到建立学习模型的目的。在这个过程中，机器学习需要标注数据作为训练集，额外标注数据作为测试集和验证集，从而保证模型的鲁棒性。如果数据量不足，算法模型可能会陷入欠拟合的状态，即无法准确描述训练数据的分布性。

2. 定性

在要求有足够数量数据的同时，也同样要求这些数据是有效的数据，而并非是无效的数据。例如，在社交媒体上的评论中，我们经常可以看到一些无效的评论内容，如图 2.3 中的通过标点符号所绘制的形象。对于其中无效的部分，通常会将之删除，而图中的句子所使用的文法也会在进行句义分析时造成一定的噪音等，因此图 2.3 中的评论质量从一定程度上来说并不高。

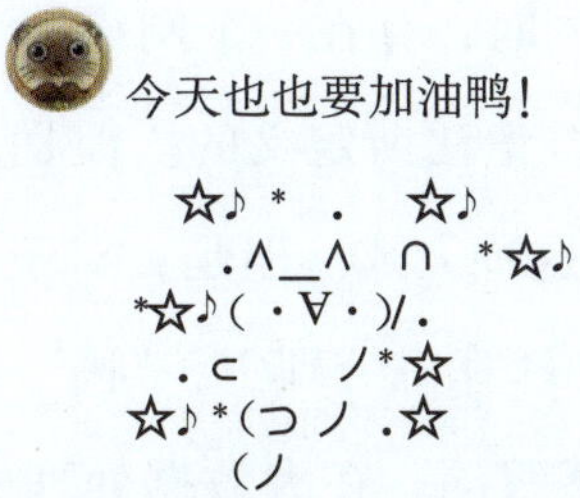

图 2.3　社交平台中包含无效表情符号的评论

因此，我们可以看到，对于数据处理所要求的数据大小不仅仅体现在数据集数量的要求，而且还体现在数据集质量的要求。

2.3.2　数据处理

狭义的数据处理可以被认为是对数据进行建模操作从而生成知识。但是本书从工业应用的角度出发，把这种狭义的数据处理划分为数据处理和知识生成两个部分，而每个部分都有自己的关键任务。对于数据处理，我们倾向于描述在利用数据建模前工程师和研发人员必要的数据清理、数据融合和数据建立索引的工作。这些工作需要对数据进行操作，但这种操作不会产生直接作用于业务的结果。相反，这些处理结果服务的目标是业务处理数据流程。

1. 数据清理

数据清理（或者称为数据预处理）也是数据处理中的一个重要环节，同时这部分的工作会占据整个项目周期 80% 的工作时间。在上一步骤中，我们提到了应当追求高质量的原始数据，但是在实际工作中，尽管在收集数据的过程中我们可以通过各种方法——例如正则表达式等，来定义各种规则，从而获得高质量的原始数据，但是仍然会有大量的缺失值以及噪音，甚至是人工疏失所导致的异常数据的存在，最终影响到算法模型的训练。

我们所收集的原始数据通常直接来源于终端用户，而终端用户之间对于他们应该产生的数据是什么样的格式并没有明确规定。终端用户输入的数据具有非结构化和高噪音的特点。以下我们通过一个实例来展现这些特征。

例如，你今天发了一条微博“今天天气 # 每日签到 很很好鸭！”

如果从标准的数据输入来说，该条微博首先不符合规范的语法标准，即中间存在“#”符号引导的标签；同时，存在一个网络词汇“鸭”来替代感叹词“呀”；“很很”这种叠词同样不是标准语法所定义的。但是，这个微博并不影响我们的阅读，尽管你可能喜欢/不喜欢这种方式。但是，对于计算机处理来说，这种输入有可能把语义引向歧义，比如在计算机处理中，“鸭”这个词可能被误解为微博发送者在谈论动物，而不是一种感叹词。在大数据处理中需要接受海量的数据，因此这种非结构化高噪音的数据非常普遍。如果没有数据清理这个流程，而是直接交由大数据系统进行处理则会产生错误的知识表示。因此数据清洗在整个数据处理中具有非常重要的地位。

数据清理通常有下列几种处理方法：

（1）数值缺失处理方法。对于数值缺失的情况，很有可能会导致在后续的处理过程中，出现“NaN”的情况，也就是 Not a Number（非数）。因此在数据量较小的情况下，我们可以进行手工清理。而在数据量较大的情况下，我们可以使用一些方法来代替缺失的值，从而达到清理的目的，例如平均值、最大值或者是更为复杂的概率估计。

（2）准确性监测方法。使用统计分析的方法来识别可能存在的错误值或者异常数值，例如偏差分析等方法，也可以由用户自定义相应的规则来检查和约束数据。

（3）重复数据解决方法。对于数据集中有着相同数值的数据被认为是重复数据，通常通过简单的删除重复数据操作即可清除（注意，这点与下面讲到的数据融合的内容不同，这里只是针对绝对相同的数据进行处理）。

（4）噪音处理方法。对于一些噪音或者异常点的数据，我们可以使用一些简单的方法来进行处理，例如对于脉冲噪音，我们可以使用中值滤波法来对其进行非线性平滑处理。

上述方法为对应几种不同情况下的数据清理方法，但也不仅限于这几种，具体的方法需要依据不同的任务来进行选用。

2. 数据融合

在数据处理中，数据融合也是重要步骤之一。大数据的任务是处理海量数据，而在这个过程中，如何减少消耗资源，比如计算机 CPU/GPU 的分配数量，是一个重要课题。其解决方案之一就是减少输入数据。需要指出的是，如果随意或是随机减少大数据处理的数据，往往会导致信息的丢失，从而使得大数据系统无法学到对应的知识。因此，数据工程师和科学家们提出把相同或是相似的数据合并在一起，从而减少重复表示，进而减少大数据系统需要处理数据的数量。例如，考虑三个关键词“中国，中华人民共和国，China”，我们可以发现，这三个词实际上都是指代我们自己的国家。因此，在任务条件允许的情况下，我们可以将这三个词合并成“中国”进行统一处理。再考虑两个形容词“愤怒，生气”，这两个词都表示人的一种情绪，主要差别在于感情的强烈程度不同。因此，如果任务需求不考虑感情色彩，我们可以将它们合并，并且标注为人的一种特定情绪。在数据融合的操作下，大数据处理系统可以接受的数据量会减少，从而提高其处理效率。但是，需要强调的是，这种数据融合是需要和业务需求紧密相连的。比如一个系统在分析人类不同的负面情绪程度时，那么对于“愤怒”和“生气”，根据系统需求，则表现出较大的差异性，进而不应该被合并。

2.3.3　知识生成

知识生成是大数据处理中最为关键的环节，其生成的知识可以被用于具体的业务，从而提供服务。以 IBM Bluemix（IBM 公司建立的云计算平台）中的自然语言生成为例，用户可以将业务的文字作为输入，让云端的平台进行训练，从而学习到语言的规律，即语言模型。而当新的业务信息，比如用户输入一个新的问题，该学习模型可以通过所学到的语言模型自动生成答案来满足客户。这种模式则是目前在线机器问答的一个基本原理。而大数据系统学习的知识即为语言模型。当然，大数据系统学习到的知识多种多样，比如 Facebook 可以根据用户发布消息的习惯，来判断用户的喜好，进而为用户推送他感兴趣的新闻。这种分析得到的用户喜好偏向，也可以理解为大数据的知识生成。

因此，知识生成包含但不仅限于下列的两项工作：数据挖掘和数据分析。

1. 数据挖掘

所谓数据挖掘是指从数据库的大量数据中揭示出隐含的、先前未知的并有潜在价值的信息的非平凡过程。数据挖掘是一种决策支持过程，它主要基于人工智能、机器学习、模式识别、统计学、数据库、可视化技术等，高度自动化地分析企业的数据，做出归纳性的推理，从中挖掘出潜在的模式，帮助决策者调整市场策略，减少风险，做出正确的决策。因此在数据挖掘的过程中又会涉及另一个任务，即数据建模。数据建模是这样一种过程，用于定义和分析数据的要求和其需要的相应支持的信息系统。因此，在数据建模的过程中，涉及的专业数据建模工作，与企业的利益和用户的信息系统密切相关。在软件工程中，数据建模是运用正式的数据建模技术，建立信息系统的数据模型的过程。数据建模使用数据挖掘算法创建预测模型，同时解释模型和业务目标的特点，也就是说理解它们之间的业务相关性。

2. 数据分析

数据分析是指用适当的统计分析方法对收集来的大量数据进行分析，提取有用信息和形成结论而对数据加以详细研究和概括总结的过程。

知识生成作为一个重要的环节，被众多数据科学家和工程师所研究，因此大数据语言在这方面的应用非常广泛，比如重要的编程语言 Python、Java，或是不同的机器学习支持语言 MATLAB、Scala，或是分布式支持语言 / 架构 Hadoop、Spark 等。

2.3.4 数据存储

数据收集在大数据处理中也包含数据存储的需要。例如 Facebook 每日产生数量巨大的文本、音频、视频数据，而且该数量已经远远超过了单台普通计算机的存储能力。通常，这些数据被要求存放在大型数据中心。这些中心包含海量的大型计算机，具有 TB 级别甚至 PB 级别的数据存储能力。在现代大数据处理中，这种海量数据的存储是一门重要的科学，其研究的目标是如何有效地解决物理存储媒介。比如，最近 IBM 完成了大数据存储的磁带研究，这种磁带可以存储 TB 级别的数据，并且保证了较长的数据存放时间。同时由于“体积”较小，可以方便数据的转运。

在经过知识生成的处理后，我们还需要对所生成的知识进行存储。这里的数据存储一方面要求我们有良好的物理硬件支持，从而保证海量的生成数据可以被接纳；另一方面我们也需要为生成的知识建立方便访问的服务，即建立索引，从而保证生成的知识可以被快速准确地访问。

为了便于理解，我们以书籍为例来解释。通常一本书有上百页，如果要看某一个章节，我们不必从头翻书，而是通过查找书籍目录页来确定该章节的位置，从而快速开始阅读相关内容。而在大数据处理的背景下，用户需要查阅的潜在内容更为巨大，而且要求更为复杂。所以建立索引的任务更为复杂，不仅仅要求建立到章节或段落的索引，而且要求根据关键词、关键语义、日期等建立多种索引。这种索引的建立需要同时考虑用户的需求以便优化访问流程，也要考虑开发人员的需求，以便针对已有的生成知识体系进行迭代开发。通常，主流的开发语言均支持数据存储，而对应的主流工具包括 Lucene、Solar 等。用于数据存储访问的语言则有 SQL、SPARQL 等。

综上所述，本节我们主要介绍了大数据处理的重要流程，包含数据收集、数据处理、知识生成和数据存储。根据图 2.2 我们可以了解到，这 4 个过程可以形成一个开发闭环，即数据收集决定了数据处理的输入，而数据处理的结果则直接影响知识生成的结果，而知识生成的结果通过数据存储展现给用户和开发人员，从而达到服务对应业务的目的，最后通过知识数据存储的内容与需求相结合，大数据服务商可以进一步有针对性地进行数据收集，从而提升对应的业务能力。因此，我们要着重强调的是，大数据处理的 4 个步骤缺一不可，而且它们是紧密相连的关系。

数据收集，作为大数据处理的起点，是一个十分重要的环节。我们可以预见，数据来源的质量、数量都会直接决定之后数据处理的结果。因此，讨论大数据处理的来源有助于我们理解和学习大数据处理的起点。下一节我们将详细讨论在现代互联网的背景下，大数据处理的数据来源有哪些。

2.4 大数据来源

大数据来源是大数据处理任务的重要基石，因为其提供了海量的数据用以支持大数据分析业务。在之前的讨论中，我们已经了解到，大数据海量的数据来源具有多样性，包含但不限于文字、图片、声音、视频。这种多源数据处理业务是在互联网背景下海量服务的结果。数据的来源可以是公司或机构的内部来源和外部来源，而数据产生的主体可以是终端用户，也可以是大数据工程师或科学家。而最终大数据公司将通过这些数据的来源确定业务目标，从而提供更好的大数据服务。在本节中，我们将视野放在这些多种大数据来源上，从而更好地了解大数据处理任务的多样性和复杂性。

2.4.1 互联网以及线上金融数据

目前电子商务、在线金融理财、在线交易以及移动设备的使用已经成为人们生活不可或缺的一部分，而这些业务产生了海量的数据。

如图 2.4 所示，我们简要归纳一下，这种基于互联网和线上金融数据的来源可以分为下列几种：金融数据、电子商务数据、互联网流量数据和移动应用数据。

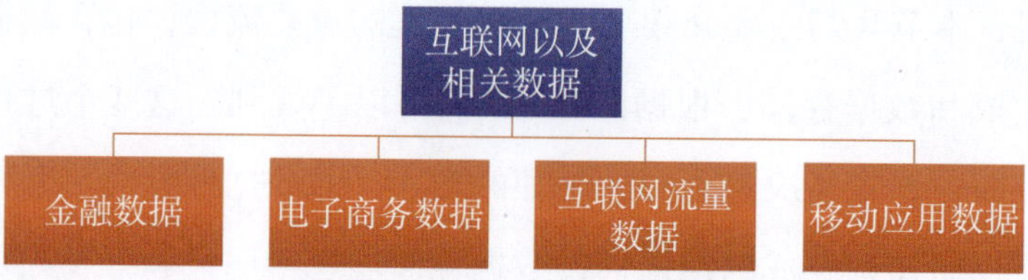

图 2.4 互联网以及线上金融数据来源分类

1. 金融数据

通过用户刷信用卡，商家和数据公司可以获得用户消费数据、用户消费地址信息、用户的消费频率等。而通过对于用户历史消费行为的分析，数据公司还可以获得用户的喜爱偏好，从而对用户消费行为进行有目的的引导。

2. 电子商务数据

电子商务产生了交易数据，这些交易数据包含但不限于交易时间、交易地点（结构）、交易金额等。这些数据对于商务行为分析有着重要的作用，比如通过交易额和交易频率预测市场行情变化，从而可以预测股市或是基金的变化。

3. 互联网流量数据

点击量在社交网站上是一个重要的话题。人们往往谈论某明星喜爱蹭热点，不择手段地上热搜，其背后的动机就是互联网点击量数据的驱动。互联网点击数据十分易于理解，即针对某个广告、话题、图片、新闻等用户的点击量。而这种点击量直接反映了用户的关注程度。而用户的流量则为对应的互联网服务带来大量的关注度，从而提升潜在的广告价值，进而为互联网门户带来收益。因此，互联网流量数据是互联网时代十分重要的数据来源，它直接与互联网门户的收益挂钩。这也解释了目前网红明星或门户网站对于流量的渴望。

4. 移动应用数据

现在能够上网的智能手机等移动设备越来越普遍。移动通信设备记录的数据量和数据的立体完整度，常常优于各家互联网公司掌握的数据。移动设备上的软件能够追踪和沟通无数事件，从运用软件储存的交易数据（如搜索产品的记录事件）到个人信息资料或状态报告事件（如地点变更即报告一个新的地理编码）等。

2.4.2 社交平台数据

在互联网的时代下，人为数据是大数据重要来源之一。这种数据是由终端用户，也就是我们每一个在使用互联网的人在各个互联网平台所产生的。如图 2.5 所示，目前被年轻人使用的主流的互联网平台数量众多，比如 QQ 空间、微信、微博、百度贴吧；各个门户新闻网站，如今日头条、新浪，等等。在用户访问网站期间，其行为会产生大量的数据，比如利用电子邮件发送消息，上传文字文档来表述自己的想法与思考，上传图片记录自己喜爱的瞬间，上传音频或是视频来记录身边生活，这些通过不同的社交平台或是门户网站所产生的不同格式的数据，以及用户访问的历史记录、点击行为都是可以成为大数据的来源。通过这些数据，数据分析公司可以很好地进行用户刻画，即通过历史数据对于用户的属性进行描述，从而达到提供更好的服务的目的。

图 2.5 广泛使用的社交网络示例

如图 2.6 所示，通过获取用户在社交网站上所上传的文字、图像、音频和视频，数据公司可以进行用户刻画，进而描述用户的兴趣、婚姻状态、收入范围、行为轨迹、喜好品牌、日常行为、受教育程度，以及文化偏好等。比如用户喜欢上传小动物的照片，通过图像物体识别以及对应的算法模型，数据公司可以推测用户是动物爱好者，从而向用户推荐宠物商店的信息，带动用户消费。

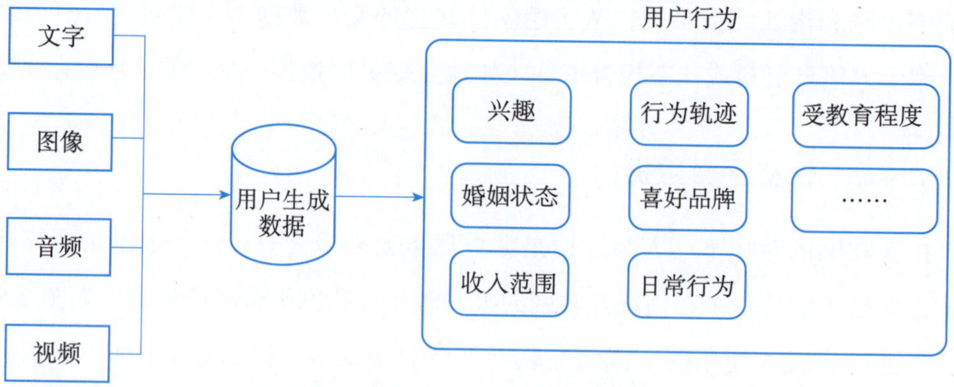

图 2.6　用户产生数据以及通过该数据进行用户刻画

我们可以解读出，这种用户画像的刻画对于现代基于互联网的营销十分重要。根据用户画像，互联网公司可以作为中间平台，将商家的销售更好地和用户需求挂钩。不过，这种假设仅仅为理想状态，而现实应用中，如果用户画像刻画失败，则有可能造成用户体验下降，导致用户流失。

下面我们介绍一个社交网络的故事，解释一种失败的用户刻画。

故事：Facebook 算法的老妈难题。

Chris Aldrich 是一位在 Facebook 上的活跃用户。他十分喜爱分享科技类文章并且期望更多的读者可以看到他的文章。而 Facebook 平台提供了推荐算法，会重点将某人的文章推荐给潜在用户，即使他们之间不是好友。每次当 Chris 发布新的文章时，无论内容是什么，Chris 的妈妈一定是第一个点赞的人。这带来了一个问题：当 Chris 的妈妈首赞这篇文章后，Facebook 把 Chris 刻画为一个家庭话题爱好者，从而对他的亲戚和他妈妈的社交圈推荐这篇文章。这使得他失去了潜在的读者：那些没有亲属关系但对科技话题感兴趣的人。为此，Chris 不得不在发布文章后的几个小时暂时屏蔽“老妈”，尽管他不愿意这么做。

从这个实例我们可以看出，Facebook 基于大数据分析出：如果家庭成员为一篇文章点赞，这篇文章很可能是与家庭话题相关的。初步考虑这个逻辑的确成立，但是在应用中出现了与期望相悖的事实。Chris 的妈妈十分爱她的儿子，所以她非常高兴为儿子的每一篇文章点赞，而这种行为直接导致 Facebook 推荐算法在 Chris 身上失效。可以看出，在进行用户刻画时，需要充分考虑用户的行为和需求。与事实相悖的大数据处理，存在偏离用户本意的风险。

2.4.3　传感器数据

今天物联网 IoT（Internet of Things）是一个热门的研究领域。物联网的数据来源不仅仅包括计算机和智能手机的大数据，还包括从每个可以发送数据的设备所生成的大数据。基于物联网的数据来源如图 2.7 所示。利用物联网，数据可以来自医疗设备、车辆、视频游戏、仪表数据、照相机以及各种家用电器。它的目标是致力于利用广泛的硬件设备和软件算法进行结合，从而将众多的实体整合进互联网内，从而分享数据、分析数据，提供更好的用户体验。比如现在热门的研究课题——智慧城市。在智慧城市中，众多的摄像头、汽车以及终端传感器将被联网化，从而为用户制定更方便的行车路线，更及时地接受用户请求，以及对于空气污染、交通堵塞问题提供更好的解决方案。在 IoT 逐渐成为生活的一部分时，感应器、量表、基站，以及其他终端设施等都会产生大量的数据。比如 GPS 可以产生用户定位数据，温度传感器可以产生当前温度和湿度数据，摄像头可以记录当前路况数据等。而针对这些数据的分析，能极大地提高物联网进行用户日常服务的质量。

图 2.7　基于物联网的数据来源
（来源：https://analyticstraining.com/analytics-big-data-iot-connected/）

2.4.4 企业管理数据

企业管理数据由美国 Gartner Group 公司提出。它定义了下一代制造业的运行流程和模式，为现代制造业提供了规划、制造流程、账目管理、营销渠道、采购方案、产品监控管理、研究成本及效益管理、全业务流程管理、产品数据定义及未来规划、产品物流储存和分配、人力资源管理以及企业具体的应收报告。这个模式是基于现代互联网技术的管理方式。因此，该模式的运营必然产生大量的中间数据。而如何解读和处理这些海量数据从而提升企业经营效益是一个目前被广为关注的议题。

2.5 大数据特征

2001 年，麦塔集团（后被 Gartner 集团收购）分析师道格·莱尼（Douglas Laney）发布了一份重要的报告《3D 数据管理：控制数据容量、处理及数据种类》。该报告成为现代互联网背景下大数据分析处理的一份重要文件。在该报告中，Gartner 集团的分析员们明确指出：

> 目前，随着互联网的发展，数据增长的挑战和机遇存在着三个方向，即数据量大（Volume）、价值密度低（Value）和数据样式的多变性（Variety）……大数据是大量、高速及 / 或多变的信息资产，它需要新型的处理方式去促成更强的决策能力、洞察力与最优化处理。

这份报告直接定义了与大数据相关的特征，即 3V（Volume，Value，Variety）。而随后的大数据公司均把这份报告看作一份基本性的指导文件，用来引导和定义大数据处理的基本任务和业务需求。因此，Gartner 集团对于大数据的特征定义形成了初步的大数据特征。随着时间的推移，互联网产业业务飞速增加，研究人员在 3V 的特征上加入了新的特征，即产生速度快（Velocity），用以进一步描述大数据处理任务。随后，IBM 公司完善了大数据特征的定义，将其从 4V 扩展到 5V，增加了数据真实性（Veracity）特征，从而形成了现代大数据处理的特征描述。对于特征的描述逐渐取得共识，即容量大（Volume）、多样性（Variety）、价值密度低（Value）、真实性（Veracity）、速度快（Velocity）。在本章节，我们将详细介绍这 5 个特征。

2.5.1　大数据的基本特征：3V

大数据的基本特征如图 2.8 所示。

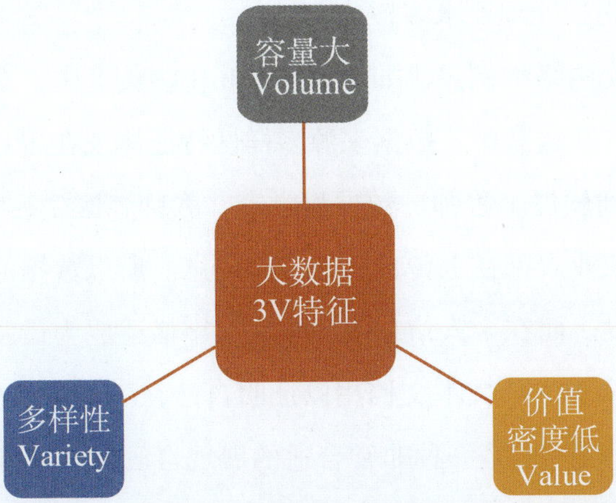

图 2.8　大数据的 3V 特征

1. 大数据的容量大（Volume）特征

大数据的容量大特征指大数据处理业务的规模庞大。在之前的讨论中我们已经列举了 Facebook 的例子。通过该例子我们可以看出，大数据的数据存储空间占用要求通常已经达到了 TB 或是 PB 的级别。而大数据的规模不仅仅体现在物理空间占用量巨大这一单一特征。它的存量、增量和市场规模同样巨大。在 2018 年年初的拉斯维加斯消费电子会议中，与会者重点讨论了大数据目前开发的挑战和机遇。会议报告指出，目前在全球范围内产生的大数据总量为 21.6ZB，而且这个存量在以每年 40% 的速度递增。预计到 2020 年，全球互联网产业链每年将面临超过 40ZB 待处理数据。而与此同时，大数据产业的市场规模也在加大。2018 年大数据市场规模超过 450 亿美元。与此同时，众多智库也对未来的大数据发展趋势进行了预测，预计至 2022 年每年大数据市场的业务增长率将超过 20%。市场规模将超过 800 亿美元。根据报告内容，我们可以总结出大数据的容量大特征目前表现得极为明显，即大数据的市场规模和处理要求已经远远超出一个公司，甚至一个国家的处理能力，与高速增长的数据量形成鲜明对比的是计算量的极度不足。

2. 大数据的多样性（Variety）特征

在之前的讨论中，我们应该已经注意到了，我们利用数据一词指代大数据处理中的目标。而在大数据来源一章中，我们罗列了现代大数据处理的多种数据来源，而且每个数据源产生的数据形式也各不相同，对应的业务也千差万别。因此，大数据的多样性特征是指大数据的产生来源多样化、数据的表现形式多样化、产生的业务价值多样化、处理要求多样化。

我们依旧以社交网络举例。比如在 LinkedIn（领英）中，众多用户保存了大量个人工作求职信息。在这其中，数据来源多样性特征体现在用户的自身上。在该网站上，我们可以找到软件工程师、数据科学家、教师、医生、人力资源管理主任，等等。几乎每一个职业人都在上传自己的工作信息。所以数据的多样化直接对应了工作职位的细分程度。而在个人信息表述中，文字描述成为最主要的形式。为了辅助文字描述，用户乐于上传文本文档用以证明自己在工作中的资历和成就。同时，视频和演示文档（PPT）也是一种非常合适的展现自己职业技能的手段。在这种情况下，数据的多样性体现在用户表述形式的多样性。而通过 LinkedIn，猎头和人力资源管理者可以搜索他们期望的职业者，而其他用户可以通过广泛地投递简历获得更好的工作机会。可以看出，在同一网站上用户的需求也存在多样性的情况。最后，针对用户数据的多样性和需求多样性，数据工程师和科学家们会针对不同的需求设计算法模型，以更好地处理多种数据格式和进行更加有针对性的垂直服务。

3. 大数据的价值密度低（Value）特征

大数据之所以非常火爆，重要原因在于它蕴含的潜在价值。在之前介绍用户刻画的内容中，我们可以为社交平台还原一个应用场景：社交平台期望为用户推荐更加合适的广告，以便提高广告的点击率。而对于一个属性单一的用户，社交平台往往缺少足够的信息去刻画用户的喜好。比如该用户只喜爱发表文字信息，但是缺乏重要的商品使用倾向。在大数据背景下，社交平台可以收集他的好友，或是和他背景相似的人进行用户行为预测，从而针对预测结果精准投放广告。而且，在收集了海量广告投放效果之后，社交平台可以对于预测的模型进行调整，从而进一步提升推荐成功率。另一个例子是我们之前对于企业数据的讲述。目前企业规模逐渐庞大。以 IBM 为例，2018 年其全球正式雇员已经超过 380000 人。

如此庞大的人员编制严重提升了人力管理成本。而通过收集雇员信息，比如雇员的入职条件、升职区间或是离职理由，IBM 可以更好地了解雇员的想法，从而改进管理模式，进而达到提升效益的目标。

总之，3V 特征是对于大数据最基本的刻画，而简要地概括 3V 属性可以称之为大数据很“大”。该组特征是现代互联网业务对于大数据的最基本描述，而基于大数据的编程语言和平台都以此为基础进行设计和提供服务。不过随着大数据处理业务的加深，人们逐渐意识到 3V 特征依然缺少对大数据科学的完整刻画。因此，在 Gartner 的报告基础上，人们进一步对于大数据的特征进行了总结。

2.5.2 大数据新增特征：4V

在 3V 的基础上，数据科学家和工程师们针对大数据处理业务总结出了大数据科学的第 4 个特征：真实性（Veracity）。该特征并无具体公司报告定义，而是根据业务经验总结出来的。

图 2.9 显示了大数据的 4V 特征之间的关系，我们可以看到大数据真实性为大数据所有特征的基础，而其余 3V 特征的功能发挥则建立在真实性的特征上。我们在之前的介绍中已经谈到了大数据处理流程中重要的一环：知识生成。在讨论中我们重点指出，知识生成是将大数据处理后用于大数据服务的具体知识。因此，为了提高数据服务质量，这种生成的知识必须是准确的，具有指导意义的，甚至是具有建设意义的。比如在地图导航的服务中，用户期望导航路线的准确性，以保证根据导航服务可以找到正确的地址。在此基础之上，用户进一步期望导航软件可以提供更好的出行建议，以便避开拥堵路段，从而更快地到达目的地。最后，从智慧城市的角度，当管理者收集了足够多的出行数据，了解了交通阻塞的路段或是高峰期时间段，则可以对城市的交通设计给出更好的方案。这个场景可以体现数据处理的建设意义。

图 2.9　大数据的 4V 特征

无论是哪种大数据应用背景，使用者永远有一个不变的要求：大数据提供的信息准确可靠，因而在此基础上可以做出正确的决策。而这种准确性需要数据表现形式的准确以及基于数据预测结果的可靠性。需要指出的是，我们在这里并未强调基于数据预测结果的正确性，主要是考虑到目前数据预测模型依然为概率模型，所以存在一定的错误率。因此大数据使用者期望的是提供服务对应的错误率应该尽可能得低。在这种条件下，我们可以指出，收集数据的真实性是最基本的保障。因为如果数据真实性不足，则基于该数据所得到的知识必然是不真实的。与此同时，我们也要强调，仅仅强调收集数据的真实性并不是大数据真实性的全部。这种真实性同样包含了知识生成结果的真实性。考虑网上购物的场景，每个人都希望他们可以买到货真价实的商品，而这种商品则是大数据处理中知识提取的现实表示。如果买到假货，用户必然对大数据提供的服务失望，从而导致该平台用户流失，最后将严重损害平台的收益。因此，我们定义大数据的真实性特征包含所收集的数据是真实的，并且通过该数据生成的知识也是真实的。

2.5.3 IBM 对于大数据的解读：5V

随着大数据科学的发展，各个公司加速投入对于大数据科学的定义、研发以及落地实现。其中 IBM 作为国际知名 IT 公司，为大数据特征刻画做出了重要的贡献。IBM 的研究人员在 Gartner 报告和自身业务的基础上，重新整理总结了大数据科学的任务、挑战以及机遇，进而重新扩展了大数据特征的定义，从而奠定了目前大数据的 5V 特征，如图 2.10 所示。

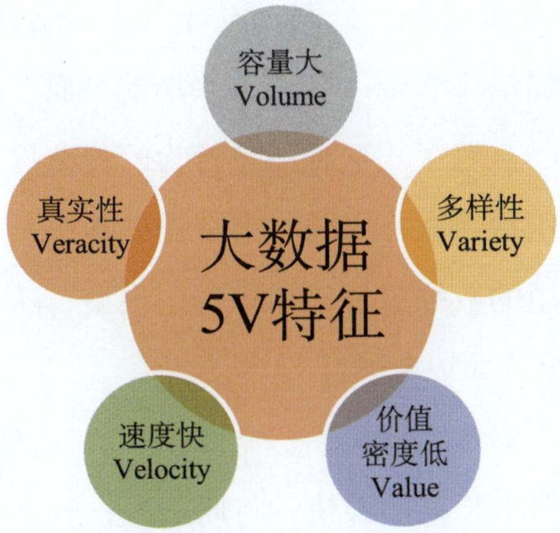

图 2.10 IBM 针对现代大数据处理任务定义的 5V 特征

对于 IBM 定义的 5V 特征，我们给出以下解读。

1. 容量大（Volume）：

IBM 定义了大数据处理中目标数据量巨大，具体包括数据收集、数据存储和知识提取的任务量和处理内容都是十分巨大的。其各个部分起始计量可以从 PB（1000 个 TB）级别到 ZB（10 亿个 TB）级别。

2. 多样性（Variety）

多样性特征即大数据的种类多样化。大数据囊括了海量结构化、半结构化和非结构化数据。其具体的组织结构形式包含通信数据、传感器信号、文本文件、音频数据、视频数据、图片数据、GPS 地理信息位置，等等，以及这些数据之间交互产生的中间数据。这种中间数据往往是由各个数据处理公司需求而定的。因此，大数据处理系统应该具有对所有在互联网平台存在的数据样式处理的能力，同时应该满足业务需求多样性的能力。

3. 价值密度低（Value）

大数据的价值宝贵，但是有价值的数据比例很低，这个是对大数据价值的进一步补充定义。在之前的讨论中，我们提及了大数据的业务价值。在生成业务知识的同时，大数据从业人员注意到了在海量的数据之中，真正有价值的数据比例较低。该现象的出现和用户行为多样化以及业务需求的多样化有关。

首先，在互联网平台上，用户的行为往往存在随机性。比如在浏览天猫购物平台的客户端，用户并不是一直抱有明确的购物目的的。一个用户访问一家天猫店铺，可能仅仅因为好奇而点击了页面。该行为并不能真正地反映用户的喜好。有时候，用户也可能被促销广告带入其不感兴趣的页面。甚至当用户访问一个店面页面时仅仅因为不小心点错了。这种用户行为的复杂性决定了完全依赖点击率的数据无法真实地反映用户需求。因此，大数据处理的一个重要课题是如果通过数据清理工作将真实有用的数据反馈给知识生成模型，从而产生真实有价值的数据处理知识，这是一个重要而艰巨的任务。

4. 速度快（Velocity）

速度快特征指大数据增长速度很快，与此同时，对于数据处理的速度要求也越来越高。比如目前今日头条致力于推荐更符合用户需求的新闻。这种推送往往要求时效性，即新闻发生的时刻用户可以立即获得通知。因此，大数据处理不仅要求快速处理数据，而且被进一步要求可以快速地满足用户的需求。

5. 真实性（Veracity）

真实性特征指大数据的准确性和可信赖程度。尤其在机器学习大规模应用的背景下，这种准确性不仅包含我们之前讨论的数据输入的真实准确以及生成知识的真实准确，同样包含在数据处理中间层输入的标记数据的真实准确性。正如IBM 指出，对于专家系统，利用人力专家标注的数据极为重要，因为这种标记可以更好地反映了具有相关背景知识的人对于相关数据的专业看法。而这种看法往往是数据工程师和数据科学家所不具备的。

在了解了大数据的特征以及明白了什么是大数据后，接下来我们来了解一下大数据的基本架构设计原理。

2.6 大数据基本架构设计原理

在介绍具体的案例之前，我们需要了解现代大数据的一个基本架构设计原理。尽管在具体的应用中，大数据架构表现形式千差万别，但是在基本框架定义上都遵循一定的规律。在这里，我们首先从普遍的大数据应用入手，初步了解一个具有落地价值的大数据应用是如何被设计组织的，进而可以更好地了解具体的大数据应用案例。

图 2.11 展示了一个普遍应用的大数据架构。我们可以看到一个基础的大数据应用架构有以下特点。

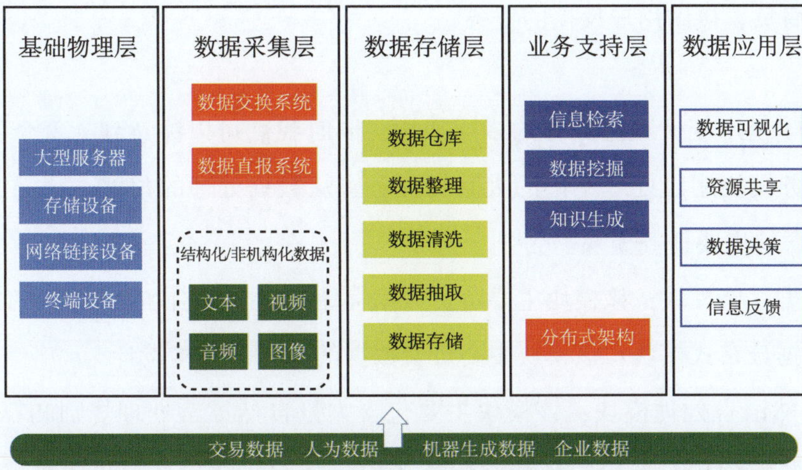

图 2.11　大数据应用的结构解析

1. 层级分布特点

大数据的架构是采用一种层级架构设计的方案，每一个层级对应一个具体的功能需求。图 2.11 显示了 5 种不同的层级架构，包含基础物理层、数据采集层、数据存储层、业务支持层和数据应用层。这些层级架构可以对应到我们之前讨论的大数据业务的 4 种任务。

基础物理层是大数据架构的基本支持。它涵盖了大数据系统需要的物理设施，包含但不限于大型服务器、存储设备、网络链接设备（比如路由器、数据交换机等）、终端设备（比如手机、汽车、PC 等）。这些设备支持了大数据处理中的数据生成业务和数据处理业务，而具体的业务能力将由其他层面具体定义。

数据采集层支持数据收集工作，主要包含数据交换系统和数据直报系统。该层级可以处理的数据应该涵盖需求中结构化和非结构化数据。

数据存储层用来存储收集到的数据和数据处理中生成的中间数据，而通过与基础物理层的通信，大数据系统可以实现数据高效准确的访问。

业务支持层主要对应知识生成工作。在工业界实现中，该层往往包含大量的算法和规则设计，用以提供大数据业务必要的知识生成结果。由图 2.11 可知，分布式架构也在该层定义。它的存在是对海量数据处理的重要支持。

最后的数据应用层定义了大数据系统的输出形式。该层是大数据系统和终端用户交互最为紧密的一层，它提供了生成知识的数据可视化结果并且展现给用户，同时它也肩负着接纳用户反馈的任务。

2. 架构功能特点

图 2.11 展示了大数据处理的多层架构，同时我们可以注意到，每个层面都存在多个任务模块用以处理不同的大数据任务。从数据处理的角度，我们简要叙述大数据包含的主要任务模块。

- 数据存储模块：该模块主要负责数据存储、建立索引和数据读取工作。
- 数据分布式模块：该模块主要负责数据的分布式架构设计。
- 自然语言处理模块：该模块主要包含大量自然语言处理规则和算法模型，用以处理非结构化、半结构化和结构化文档。它的任务包含但不限于分词功能、自然语言生成、自然语言识别、机器翻译、情感探测、自然语言语义分析，等等。
- 图像处理模块：大数据系统处理的不仅仅是文本文档，还包含大量的视频或是图片数据。在计算机科学领域中，我们可以将这两类数据归纳为图像数据。尤其是在目前主流的视频处理流程中，设计者往往把视频划分成大量的关键帧图片，然后对每张图片进行分析。因此，图像处理模块肩负着同时处理视频和图片的任务。它往往包含视频分割模块、物体检测模块、图像标题识别模块，等等。
- 其他算法模块：在讨论中我们提及，大数据输入中同样包含音频数据、GPS 地理信息数据、系统交互数据、传感器生成数据等。这些数据往往和文本数据或图像数据在结构与表现形式上存在巨大差异。因此，大数据系统需要单独的模块对它们进行处理。
- 融合模块：大数据系统的知识生成是多种数据分析决策共同作用的结果。因此，融合模块的主要任务是将不同的算法模块整合到一起，然后进行决策分析，为用户提供最终的解决方案。
- 可视化模块：可视化模块的任务是对大数据输出系统的结果进行可视化处理。

3. 语言应用特点

在本章中我们已经介绍了大数据应用的工具和语言。在讨论中，我们已经了解到，大数据系统可以包含多个语言和工具，而不同的语言或工具各有所长。结合图 2.11，我们可以进一步指出，为了更好地支持不同层面中的多种模块系统，大数据系统的设计者应针对不同的任务需求选择合适的工具或语言来支持大数据系统架构的设计。比如 Java 适合大型架构开发；Python 在实现针对自然语言处理或图像分析方面有明显的优势；SQL 或 SPARQL 可以支持数据存储。这种语言工具的选择需要大数据系统开发者在工作中不断积累工作经验。

综上所述，本节主要介绍了大数据平台在大数据处理中结构设计的一种广泛模式。在讨论中，我们介绍了一种基本的大数据处理架构。该架构包含 5 层结构，不同结构的功能对应大数据处理的不同任务需求。大数据处理的具体任务由每个层面的不同的功能模块实现。而每个功能模块则需要引入不同的语言或工具。因此，大数据处理系统作为一个复杂的应用平台，需要的不仅仅是一门单独的语言或是算法，而且由多种不同的计算机科学技术组成。在接下来的章节中，我们将详细介绍其他关于大数据的相关知识。

第3章 大数据相关开发语言

大数据所带来的海量数据让数据处理成为了一个难题。在目前行业中，Java和C++是使用最为广泛的编程语言，经常被用于实际的工程中。这两种编程语言在现今大部分的高科技公司中是基础工程设施的基础语言，并且成为骨骼支架支撑着产品。在开发一款新的产品时，通常都需要对这款产品所涉及的相关技术先行建立相应的模型Demo，研究部门会在Demo中使用R或者Python等语言对现有的数据进行建模并且比较模型的整体效果，最后将研发完成的Demo交付给相关的开发部门来进一步落实和转化为工程产品。

因此一般在建模的时候，研发人员通常会选择一些功能强大且不复杂的语言来对数据进行建模。接下来我们来看一下Python语言和R语言，并且尝试着使用Python语和R语言来做一些基本的数据收集和处理。

3.1 Python 语言

3.1.1 Python 的历史

Python 是目前在学术领域以及数据分析和建模领域使用最广泛的一种脚本语言。作为一种解释性质的语言，Python 在设计中使用了英语的关键词，使得它本身具有高度的可读性。同时它又巧妙地使用了空格缩进格式来区分代码模块，这部分我们将会在后面讲到。在本节中，我们先来回顾一下 Python 的历史、概念以及特点。Python Logo 如图 3.1 所示。

python™

图 3.1 Python Logo

Python 是由 Guido van Rossum 在 1989 年年底发明的，并且在 1991 年发行了第一版。1969 年的 10 月 5 日，英国广播电视台播放了 45 集的电视短剧，名为蒙提·派森的飞行马戏团（Monty Python's Flying Circus），如图 3.2 所示。

图 3.2 "Monty Python's Flying Circus"（来源：bbc.co.uk）

当时这部电视短剧深受人们的喜欢，很大程度上影响了英国喜剧的发展。但是这部电视短剧不仅仅影响了英国喜剧的发展，主演 Graham Chapman 等人完全没有想到，在他们的粉丝中间，有个名为 Guido van Rossum 的人会以他们所出演的这部电视剧剧名中的一个词语"Python"作为一种语言的名字，去影响学术界以及工业界。Python 的开发是在名为"ABC"的教学语言的基础上完成的，并且在当时受到了另一种语言 Modula-3 的影响，此外它还结合了 UNIX shell 和 C 语言的编程习惯。Guido van Rossum 认为在 Python 中最令他感到亲切的功能就是缩进语句区分模块。缩进语句区分模块的功能解决了视觉混乱问题，同时也实现了更加统一的样式，使得程序更加具有可读性。

作为一种面向对象的语言，Python 的可读性赋予它本身另外一种性质，即 Python 代码的可重用性。

由于 Python 在设计时就被设计为一种可以扩充的脚本语言，并没有直接将所有的功能和特性都集中到语言核心中，反而提供了丰富的 API 和工具来鼓励工程师们自己创建和扩充 Python 的库（Library）。而 Python 本身也能被其他的语言所调用。因此早在 2004 年的时候，Google 的一些项目就开始使用了 Python 语言，并且在当时 Google 公司招募了大量的 Python 工程师。

3.1.2 Python 的特点

在之前的叙述中，我们已经提到过 Python 具有高度的可读性，除了这点，Python 还具备以下几个特点：

● Python 作为一种解释性的语言，在开发的过程中没有编译的环节。

● Python 是一种交互式语言，在交互式的环境下，能够实时反馈给用户相应的结果。

● Python 作为一种高阶语言，不需要开发者去记忆系统的结构，以及不用去思考如何管理存储的问题，因此这种语言具有非常友好的特性。

● Python 作为一款免费及开源的语言，受到各大院校、研究机构的欢迎。开源的特性让用户能够直接查看源代码，并且做出相应的修改以便其更适合项目的开发。

● Python 是一种面向对象的语言，在面向对象的过程中，Python 提供了简单的方法来完成面向对象的编程，允许用户将特定的函数或者行为与要处理的数据相结合。

● Python 具有非常强的可扩展性，同时提供了非常丰富的库（Library）。比如用户可以使用 C 或者 C++ 语言来完成一些函数功能的编写，然后使用 Python 来调用。

● Python 适合初学者进行学习，甚至不需要用户掌握复杂的面向对象的基础知识，当然其前提是初学者仍然需要有一定的英语基础。

● Python 具有较强的可移植性，并基于 Python 开源的特性，它可以使用在很多平台上。

● Python 具有较强的可嵌入性，很多其他的语言都支持将 Python 嵌入，从而让用户的程序具有脚本化的能力。

3.1.3 Python 的版本与区别

目前 Python 主要有两个版本，分别是 Python 2.x 版本和 Python 3.x 版本。

我们可以大致来回顾一下 Python 发展过程中几个主要的版本和发布时间，如图 3.3 所示。

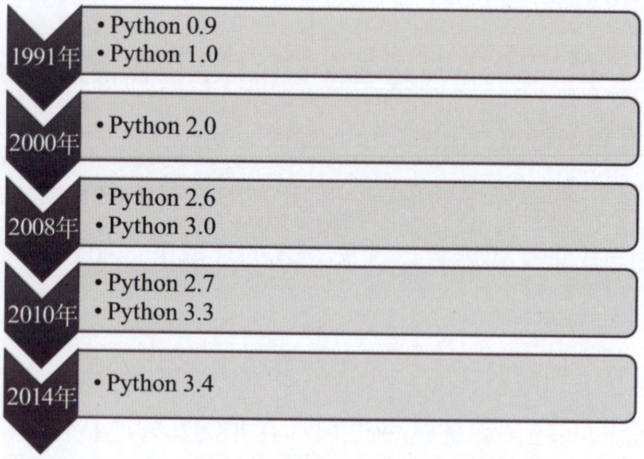

图 3.3 Python 版本发布历史

由于 Python 3 的版本在设计时，并没有考虑到向下兼容的问题，因此使得很多早期版本 Python 2 的程序无法在 Python 3 上运行。而 Python 3 也做出了比较大的变动。为了照顾现有的程序，Python 2.6 这个过渡版本既基于 Python 2.x 的语法和库，同时也允许用户使用一部分 Python 3.x 的语法和库。

我们可以通过以下一些例子来发现 Python 2.x 版本和 Python 3.x 版本之间的一些区别。

1. print 函数

Python 3.x 的版本中，将 print 功能从语句变为了函数：

Python 2.x：

```
>>> print "Hello World"
```

Python 3.x:

```
>>> print("Hello World")
```

而在 Python 2.7 的版本中，这两者都能够被使用。

2. 关于除法运算

在 Python 2.x 的版本（以下都用 Python 2 的版本来代替）中，除法的运算和其他大部分的语言一样，整数（整型常量或者变量）之间相除会得到整数。而浮点数之间相除会得到浮点型数。

然而 Python 3 的版本做出了相应的改变，即便是整数相除也会得到浮点型的数，更好地方便了科学计算。例如，

Python 2:

```
>>> 1/2
>>> 0
>>> type（1/2）
<type 'int'>
```

Python 3:

```
>>> 1/2
>>> 0.5
>>> type（1/2）
<class 'float'>
```

3. 对于异常的处理

在 Python2 中，对于异常的捕捉和处理使用了以下语句：

```
except exc, var
```

而在 Python3 中，做出了些微的改变，它使用 as 作为关键词，从而变为以下格式：

```
except exc as var
```

这样我们使用下述语句就能同时捕获多种的异常情况：

except (exc1，exc2) as var

同时更值得注意的是，在 Python 2 的版本中，异常不仅仅用于程序中的错误表示，同时还可以完成一些基本控制结构能够完成的工作。而在 Python 3 的版本中，只有继承自 BaseException 的异常对象才能进行抛出处理。

除了上述区别，Python 2.x 版本和 Python 3.x 版本仍然存在其他区别，这里不一一介绍了。有兴趣的读者可以在课后自行查阅 Python 的相关教程进行学习。

3.1.4 Python 的安装步骤

在之前的叙述中，我们已经知道了 Python 可以跨多个平台，其中主要包括但不仅限于 Windows、Linux 和 Mac OS 平台。在这节内容中，将主要介绍如何在 Windows 平台搭建 Python 开发环境，可以结合自身的情况来选择相应的版本以及安装步骤。

1. 在 Windows 平台上安装 Python

以下为在 Windows 平台上安装 Python 的简单步骤：

（1）进入 Python 官方网站，再进入 Windows 版本 Python 的下载页面，也可以根据下面网址直接进行访问：https://www.Python.org/downloads/windows/。

（2）根据使用习惯来选择不同的 Python 版本，同时为了让用户在下载安装包时能方便地选择最新的版本，在 Windows 版本的 Python 下载页面中，提供了最新的 Python 版本供用户下载，如图 3.4 所示。

（3）这里我们需要安装 Python 2.7.15 版本，单击“Latest Python 2 Release – Python 2.7.15”链接后，将会进入该版本号所对应的下载界面。因为要在 Windows 的系统中搭建 Python 开发环境，因此需要下载 Python 的 Windows 安装包，安装包使用的是 MSI 的文件格式。所以选择“Windows x86-64 MSI installer”来下载相应的 MSI 安装文件，如图 3.5 所示。

（4）下载后，找到该文件并双击，打开 Python 安装向导，根据安装向导一步一步安装即可，整个安装过程简洁易懂，这里就不做介绍了，我们只需要按默认设置单击“下一步”按钮即可。

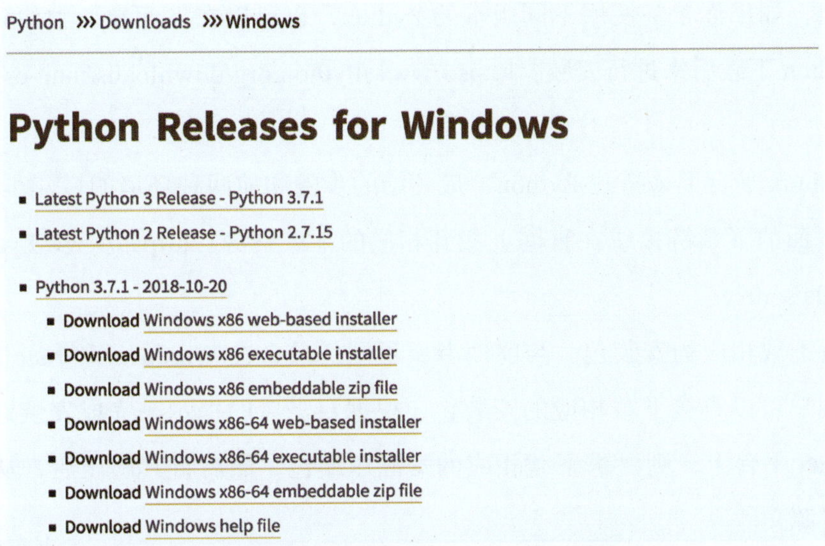

Python >>> Downloads >>> Windows

Python Releases for Windows

- Latest Python 3 Release - Python 3.7.1
- Latest Python 2 Release - Python 2.7.15

- Python 3.7.1 - 2018-10-20
  - Download Windows x86 web-based installer
  - Download Windows x86 executable installer
  - Download Windows x86 embeddable zip file
  - Download Windows x86-64 web-based installer
  - Download Windows x86-64 executable installer
  - Download Windows x86-64 embeddable zip file
  - Download Windows help file

图 3.4　Windows 版本的 Python 下载页面

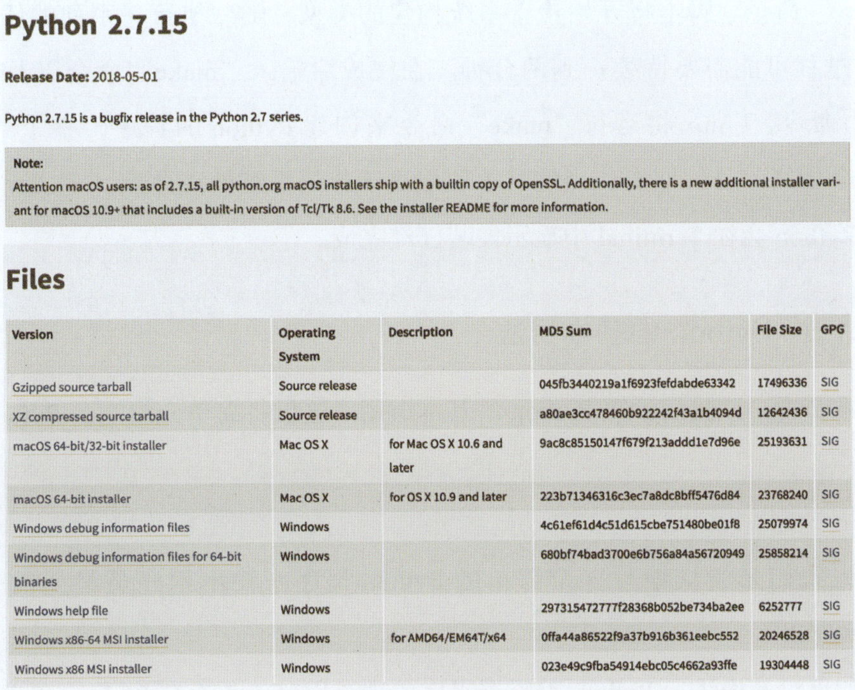

Python 2.7.15

Release Date: 2018-05-01

Python 2.7.15 is a bugfix release in the Python 2.7 series.

Note:
Attention macOS users: as of 2.7.15, all python.org macOS installers ship with a builtin copy of OpenSSL. Additionally, there is a new additional installer variant for macOS 10.9+ that includes a built-in version of Tcl/Tk 8.6. See the installer README for more information.

Files

Version	Operating System	Description	MD5 Sum	File Size	GPG
Gzipped source tarball	Source release		045fb3440219a1f6923fefdabde63342	17496336	SIG
XZ compressed source tarball	Source release		a80ae3cc478460b922242f43a1b4094d	12642436	SIG
macOS 64-bit/32-bit installer	Mac OS X	for Mac OS X 10.6 and later	9ac8c85150147f679f213addd1e7d96e	25193631	SIG
macOS 64-bit installer	Mac OS X	for OS X 10.9 and later	223b71346316c3ec7a8dc8bff5476d84	23768240	SIG
Windows debug information files	Windows		4c61ef61d4c51d615cbe751480be01f8	25079974	SIG
Windows debug information files for 64-bit binaries	Windows		680bf74bad3700e6b756a84a56720949	25858214	SIG
Windows help file	Windows		297315472777f28368b052be734ba2ee	6252777	SIG
Windows x86-64 MSI installer	Windows	for AMD64/EM64T/x64	0ffa44a86522f9a37b916b361eebc552	20246528	SIG
Windows x86 MSI installer	Windows		023e49c9fba54914ebc05c4662a93ffe	19304448	SIG

图 3.5　Python 2.7.15 版本下载页面

2. 在 Mac OS 平台上完成 Python 的搭建

一般在 Mac OS 平台上都自带了 Python 2.x 版本，因此可以在 Terminal 中直接输入“Python”来运行（大小写可以忽略）。

当然，如果你希望使用不同版本的 Python，也可以在下面地址中找到相应版本的 Python 下载后来进行安装：https://www.Python.org/downloads/mac-osx/。

3. 在 Linux 平台上搭建 Python

在 Linux 平台上来搭建 Python，最开始的步骤和前两种环境的搭建步骤一样，先单击下面的下载链接或在官网上找到相应的下载资源：https://www.Python.org/downloads/source/。

随后下载相应的安装包。与前两者所不同的是，在 Windows 和 Mac OS 的平台中，用户可以直接下载相应的安装包，根据双击后的提示来完成安装即可。但是在 Linux 平台上，则要求下载相应的资源压缩包，然后将其解压后，从而获取相应的资源文件。

接下来打开 Terminal，进入下载好的资源文件所在的文件夹下，输入“./configure”命令。脚本将开始检查系统构建的类型，随后执行一系列的任务。整个安装过程可能需要持续一到两分钟。在完成后输入“make”命令以及“make install”命令，Linux 将运行“make”命令来创建 Python 的程序，整个“make”过程将会持续一分钟左右，当然这主要取决于你的系统处理速度。完成上述的操作后，Python 会在 Terminal 中显示安装已经完成。

3.1.5 Python 的基本用法

在本节中，让我们了解 Python 的基本运用，这里将简单介绍一下 Python 的基本用法。

1. 输出语句

首先我们来尝试编写一个简单的 Python 程序来输出程序员最爱的一句话“Hello world!”。

我们可以使用线上 Python 编辑器来完成这个程序，或者在 Python 交互式编程界面中完成。如果你的计算机安装的是 Linux 系统或者是 Mac OS 系统，则可以直接在终端窗口（Terminal）中输入命令：

```
>>> print “Hello world!”
```

在 Python2.7.6 以上版本中，将会得到如图 3.6 所示的输出结果。

```
Python 2.7.10 (default, Aug 17 2018, 17:41:52)
[GCC 4.2.1 Compatible Apple LLVM 10.0.0 (clang-1000.0.42)] on darwin
Type "help", "copyright", "credits" or "license" for more information.
>>> print "Hello world!"
Hello world!
```

图 3.6 Hello World 输出结果

图 3.6 所示的是在交互式编辑环境下所运行的结果，同样我们也可以使用脚本式的编程方式来完成上述内容。简单来说就是先写好要运行的程序脚本，随后通过运行程序脚本的方式来获得相应的结果（需要注意的是，所有 Python 文件都以 .py 为扩展名）。

我们在“helloWorld.py”文档中直接编辑以下内容：

```
#Display a message
print "Hello world!"
```

在这段程序中，第一行为注释行，表示这个文件的作用。注释主要用于注明相应程序语句的用法，从而帮助程序员更好地理解程序。由于注释并非是程序语句，所以会被编译器自动忽略，从而并不会对程序本身产生任何的影响。

2. 注释语句

一般来说在计算机语言中，无论是 Java 还是 Python 等，都会有相应的注释符号用来表示其后的内容为注释语句。在 Python 中井号（#）为行注释符号。但当我们需要写较长的注释内容时，如果使用行注释符号（#）就会显得非常麻烦。因而我们在进行多行注释时，通常会选择使用三个连续的单引号（‘’’）来作为多行注释内容的起始符号，随后进行多行注释，并且当注释内容完成时，以另一组三个连续单引号（‘’’）作为多行注释结尾符号，示例如图 3.7 所示。

```
>>> # This is a single line comment
...
>>> ''' This is
... a
... multi-line
... comment
... '''
' This is\na\nmulti-line\ncomment\n'
```

图 3.7 多行注释符号的使用

3. 运行程序

保存我们刚才编辑好的文件并以 .py 作为后缀名，然后根据不同的系统在终端输入相应的运行命令就可以了。

在 Windows 系统中，假设已经进入到相应存放脚本文件的地址后，使用以下命令可以执行刚编写好的脚本程序：

```
$ chmod +x test.py     # 脚本文件添加可执行权限
$ ./ helloWorld.py
```

随后输出结果同上。

在 Mac 系统中，同样在进入相应存放脚本文件的地址后，可以使用如下的命令来执行脚本程序：

```
jovyan@jupyter-jupyterlab-2djupyterlab-2ddemo-2d9z2rpios:~/demo$ python helloWorld.py
Hello World!
```

4. 缩进格式

在之前的内容中我们介绍过，Python 有一个最具争议的特点就是使用了缩进格式来编写模块。在 Python 中，输入新的程序语句应当从新行的第一个位置开始，并以空格作为新的程序命令首字符（除了后续程序语句与上一行程序存在着从属关系，例如循环语句所需要执行的操作行，或者是多行注释内容等）。例如，在上面的例子中，如果我们在 print 函数前添加一个空格或者多个空格将会出现如图 3.8 所示的情况。

```
>>> print("hello")
hello
>>>       print("hello")
  File "<stdin>", line 1
    print("hello")
    ^
IndentationError: unexpected indent
>>> 
```

图 3.8　函数前置空格带来的问题

5. 结束格式

需要说明的是，Python 与 Java 等程序语言有所不同的是，当一行程序语言结束，通常在 Java 中规定必须以分号（；）作为句末结尾符号，然而在 Python 中，如果在语句末尾以标点符号作为结尾，那么 Python 解释器将会报错（注意：Python 也像 Java 一样支持以分号结尾，但通常可以省略，直接以换行来结束语句）。示例如图 3.9 所示。

```
>>> print("Hello World!").
  File "<stdin>", line 1
    print("Hello World!").
                         ^
SyntaxError: invalid syntax
```

图 3.9 语句末尾加句点出错问题

另外，当我们希望在同一行中输入多条程序语句时，则需要使用分号对各程序语句进行区分，示例如图 3.10 所示。

```
>>> a =3; b=5; c=6;print("Hello World!");
Hello World!
>>> a
3
>>> b
5
>>> c
6
>>>
```

图 3.10 利用分号分隔语句

6. 大小写问题

在 Python 中，程序是区分大小写的，例如，在上述的案例中，如果我们使用“Print”来代替原本小写字母开头的“print”函数时，就会出现如图 3.11 所示的报错信息。

```
>>> Print("Hello World")
Traceback (most recent call last):
  File "<stdin>", line 1, in <module>
NameError: name 'Print' is not defined
```

图 3.11 区分大小写问题

所以在设计相应的 Python 程序以及日常工作中，我们需要注意以下几点：

（1）使用恰当的注释来帮助程序员理解程序。

通常在程序开始的时候，都会有相应的概括性的注释来表明下面程序语句的用途、所属权以及重要特征和需要注意的地方。同时在各个模块或者函数方法下，也会有相应的注释来说明相应模块的参数、用途、返回数值等关键信息。恰当的注释信息可以帮助其他程序员更快地读懂你的工作，同时也能很好地提醒编程者这段程序的一些关键信息。

（2）使用恰当的空格来避免解释器报错以及更清晰地帮助维护。

在编写程序文档以及程序语句的过程中，使用统一的空格和代码风格能更好地帮助编程者和其他程序员更快、更清晰地了解程序内容，从而也更加方便后续的维护。假如在有些位置出现了不必要的空格，从而导致了解释器的报错，通过一致的空格和代码风格检查，你能很快地找到相应的错误点，从而完成调试。

（3）使用恰当的函数名称以及参数和变量名称。

恰当的模块、函数名称以及参数和变量名称能够更直接地帮助程序员理解这些程序的用途，从而提高程序的可读性。

3.1.6 Python 的常用库

在上述的介绍中，我们基本了解了 Python 的大致情况，那么接下来主要介绍 Python 中经常用到的一些库。如果你从事的是关于数据的工作，那么 Python 中的这些库将成为你手中的“八倍镜”，让你能够更快速、更精准地将数据呈现出来。

首先简单描述一下什么是 Python 库。简单来说，Python 库是一组函数和方法，它可以帮助你在不需要自己编写代码的情况下完成大量的操作。其中包含了 Python 的标准库以及第三方库，而下面列出的五种库也是在数据工作中经常用到的第三方库：

- Pandas；
- NumPy；
- SciPy；
- Matplotlib；

● PyTables。

首先我们来看一下 NumPy。这是目前被用于科学数值运算中最常用的库。NumPy 提供了强大的多维数组对象，用来在科学计算中存储和处理大型矩阵。使用 NumPy 所提供的优化过的函数和方法处理多维数组时，其效率远远高于 Python 自身所嵌入的结构化函数和方法。

接下来我们来看 SciPy 这款工具库。由于 NumPy 在科学计算以及金融计算等方面仍然具有一定的欠缺性。因此为了配合 NumPy，从而让 Python 更好地为科学计算服务，SciPy 提供了大量的数学、科学以及金融计算中常用到的函数和方法，例如线性代数模块、统计函数、优化方法、信号处理方法、图像处理方法等。

Pandas 最初是作为金融数据分析工具而被开发出来的，因此 Pandas 对于序列数据尤其是时间序列数据具有较强的支持作用。Pandas 本身是在 NumPy 的基础上构建而成的，它不仅提供了丰富的函数功能用于分析和管理数据，也集成了 Matplotlib 的绘图功能与 PyTables 数据存储等功能。而且在数据读取中，Pandas 也经常被用来对本地 CSV 文件以及 JSON 文件进行读取。

然后来讲一下 Matplotlib 的运用。工程师以及产品经理在实际业务中更倾向于使用可视化工具所生成的表格来表现数据，这些能够直观反映数据结果，更容易让用户明白数据的意义。而 Matplotlib 恰好提供了可视化的功能，它也是目前 Python 中最流行的画图和可视化的库，它同时具有对 2D 和 3D 可视化的能力。

最后则是关于数据的存储，也就是我们要讲的 PyTables 这个库。对于大数据，如果只是个人或者非海量的数据，我们一般会使用 JSON 或 CSV 的格式来进行存储。但是在工程中，为了能够具有更高的效率，一般会考虑使用 HDF5 这种存储格式来进行存储。那么之前介绍过的 Pandas 将会提供数据集成，而 PyTables 则负责进行数据存储。

上述的这些库只是目前业界经常会用的工具，但 Python 的库不仅这些。针对不同的领域以及不同的问题，你都能够找到相关的库进行利用。我们将会通过使用 Python 以及一些库来解决目前大数据、机器学习或者人工智能领域中经常会遇到的问题。

3.1.7 Python 实际运用案例

在完成一个简单的机器学习案例的过程中，可以分为以下几个步骤：数据采集、数据整理、选择模型、模型训练、模型评价、模型参数优化、预测。

假设现在需要使用 Python 来对金融市场的数据进行分析。首先需要有大量的金融数据信息，也就是数据采集阶段。这些金融数据信息可以是股票市场的数据、期货市场的数据等财经数据。这些数据的来源包括（不仅限于）如下几种：

● 专业的数据网站，例如 Kaggle。

● 使用 Python 所编写的爬虫程序来收集。在 Python 中提供了很多爬虫的库，例如 Scrapy 库用于快速采集网页的框架，或者使用 Python urllib 等 HTTP 请求库和解析库相互结合来爬取所需内容。

● 通过使用 Python 库中的公共数据 API 来获取相应的数据。例如在自然语言处理中，可以使用 NLTK 中自带的语料库 API，或者是 Pandas-datareader 中 Yahoo 所提供的金融数据或者是 Tushare 所提供的财经数据接口包中所提供的金融数据。

通过上述的几种方式，我们可以获得相应的数据并且用于分析和运用。

在 3.1.6 节中，我们提到了使用 Pandas 来对数据进行清洗，同时 Pandas 作为金融数据分析工具，也是获取各种金融数据资源的基础。无论是 Pandas-datareader 还是 Tushare 等金融数据包，都要求先行安装 Pandas。我们将使用 Pandas-datareader 来尝试获取股票市场的数据，Pandas-datareader 包允许用户从 Yahoo!Finance、World Bank 中获取金融数据。

（1）先来看一下要使用的 Python 的工具。在本案例中，我们将使用 Jupyter Notebook 网页程序（见图 3.12）来对下述代码进行编译，并主要使用 JupyterLab 来完成案例演示。

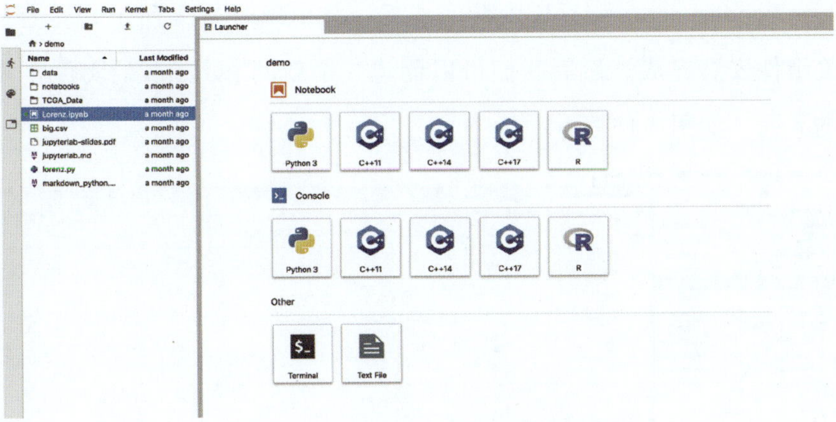

图 3.12　Jupyter Notebook 网页程序

（2）安装 Pandas-datareader。通过使用 PyPI，我们可以安装 Pandas 和 Pandas-datareader，因此需要进入 Terminal 终端进行安装，所使用的命令如下所示，Pandas-datareader 的安装如图 3.13 所示。

pip install pandas

```
jovyan@jupyter-jupyterlab-2djupyterlab-2ddemo-2dylwuylua:~$ pip install pandas
Requirement already satisfied: pandas in /srv/conda/lib/python3.6/site-packages (0.20.3)
Requirement already satisfied: python-dateutil>=2 in /srv/conda/lib/python3.6/site-packages (from pandas) (2.7.3)
Requirement already satisfied: pytz>=2011k in /srv/conda/lib/python3.6/site-packages (from pandas) (2018.5)
Requirement already satisfied: numpy>=1.7.0 in /srv/conda/lib/python3.6/site-packages (from pandas) (1.15.1)
Requirement already satisfied: six>=1.5 in /srv/conda/lib/python3.6/site-packages (from python-dateutil>=2->pandas) (1.11.0)
```

图 3.13　Pandas-datareader 的安装

由于我们使用的是 Python Jupyter Notebook，其已经安装了 Pandas 库，我们可以使用如下命令来进行确认，Notebook 会给出已经安装的提示。Pandas 库安装完成如图 3.14 所示。

pip install pandas-datareader

```
jovyan@jupyter-jupyterlab-2djupyterlab-2ddemo-2dqtwk7j6q:~$ pip install pandas-datareader
Collecting pandas-datareader
  Downloading https://files.pythonhosted.org/packages/cc/5c/ea5b6dcfd0f55c5fb1e37fb45335ec01cceca199b8a79339137f5ed269e0/pandas_datareader-0.
7.0-py2.py3-none-any.whl (111kB)
    100% |████████████████████████████████| 112kB 1.9MB/s
Requirement already satisfied: requests>=2.3.0 in /srv/conda/lib/python3.6/site-packages (from pandas-datareader) (2.19.1)
Collecting wrapt (from pandas-datareader)
  Downloading https://files.pythonhosted.org/packages/a0/47/66897906448185fcb77fc3c2b1bc20ed0ecca81a0f2f88eda3fc5a34fc3d/wrapt-1.10.11.tar.gz
Requirement already satisfied: pandas>=0.19.2 in /srv/conda/lib/python3.6/site-packages (from pandas-datareader) (0.20.3)
Collecting lxml (from pandas-datareader)
  Downloading https://files.pythonhosted.org/packages/03/a4/9eea8035fc7c7670e5eab97f34ff2ef0ddd78a491bf96df5accedb0e63f5/lxml-4.2.5-cp36-cp36
m-manylinux1_x86_64.whl (5.8MB)
    100% |████████████████████████████████| 5.8MB 3.9MB/s
Requirement already satisfied: chardet<3.1.0,>=3.0.2 in /srv/conda/lib/python3.6/site-packages (from requests>=2.3.0->pandas-datareader) (3.0
.4)
Requirement already satisfied: idna<2.8,>=2.5 in /srv/conda/lib/python3.6/site-packages (from requests>=2.3.0->pandas-datareader) (2.7)
Requirement already satisfied: urllib3<1.24,>=1.21.1 in /srv/conda/lib/python3.6/site-packages (from requests>=2.3.0->pandas-datareader) (1.2
3)
Requirement already satisfied: certifi>=2017.4.17 in /srv/conda/lib/python3.6/site-packages (from requests>=2.3.0->pandas-datareader) (2018.8
.24)
Requirement already satisfied: python-dateutil>=2 in /srv/conda/lib/python3.6/site-packages (from pandas>=0.19.2->pandas-datareader) (2.7.3)
Requirement already satisfied: pytz>=2011k in /srv/conda/lib/python3.6/site-packages (from pandas>=0.19.2->pandas-datareader) (2018.5)
Requirement already satisfied: numpy>=1.7.0 in /srv/conda/lib/python3.6/site-packages (from pandas>=0.19.2->pandas-datareader) (1.15.1)
Requirement already satisfied: six>=1.5 in /srv/conda/lib/python3.6/site-packages (from python-dateutil>=2->pandas>=0.19.2->pandas-datareader
) (1.11.0)
Building wheels for collected packages: wrapt
  Running setup.py bdist_wheel for wrapt ... done
  Stored in directory: /home/jovyan/.cache/pip/wheels/48/5d/04/22361a593e70d23b1f7746d932802efe1f0e523376a74f321e
Successfully built wrapt
Installing collected packages: wrapt, lxml, pandas-datareader
Successfully installed lxml-4.2.5 pandas-datareader-0.7.0 wrapt-1.10.11
jovyan@jupyter-jupyterlab-2djupyterlab-2ddemo-2dqtwk7j6q:~$
```

图 3.14　Pandas 库安装完成

（3）当 Pandas-datareader 库安装完成后，会出现图 3.14 所示的界面，提示已经将相关组件安装完成。然后我们可以创建一个新的 Python3 的文件，并且进入其 IDE 的界面，如图 3.15 所示。

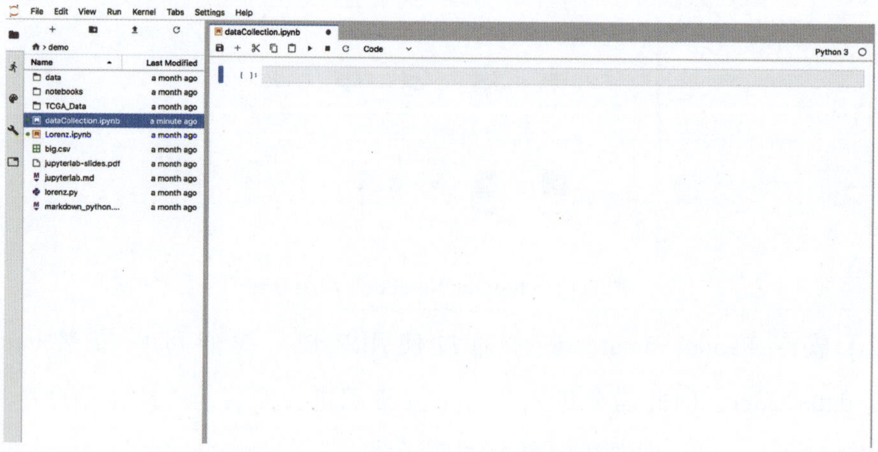

图 3.15　Python3 文件的 IDE 界面

在 IDE 的界面中，可以看到界面的右上角提示目前正在使用的是 Python 3 版本，因此我们相关的语法应该符合 Python 3 的标准。中间的空白灰色区域就是输入代码的区域，每输入一行代码后，可以使用 Shift + Enter 键来对该行命令进行编译运行。例如可以使用打印函数来打印出“Hello world!”，所使用的命令如下所示，print 函数运行结果如图 3.16 所示。

print（“Hello world!”）

图 3.16　print 函数运行结果

在第二行就会返回相应的编译结果，这样能做到与用户的实时交互。

（4）在完成了包和基本工作环境的安装后，接下来就可以进入主题，使用刚才所安装好的 Pandas-datareader 库来获取我们所需要的股票信息。在 Python 中，如果需要调用相应的工具包或者进行相应的本地文件的读取，都需要通过调用库来实现，因此需要导入刚安装好的工具库。同时需要通过 Yahoo 金融所提供的数据接口来调取我们需要的数据。例如我们希望调取阿里巴巴（股票代码：BABA）的股票数据，并且将阿里巴巴的股票数据赋值给“baba”这个变量名（在 Python 中我们可以不用先定义变量名，就可以直接使用)。具体语句如下：

```
import pandas_datareader
```

```
baba = pandas_datareader.get_data_yahoo('BABA')
```

通过使用 Pandas_datareader 中的“get_data_yahoo”函数就能获取我们所需要的数据。

命令编译使用后，由于我们并没有指定数据的具体时间段，因此将会返回我们所需股票在一段时间内的数据。如果我们希望获取股票某个时间段的数据，只需要按照“get_data_yahoo”函数所提供的格式，将起始日期和结束日期以“YYYY-MM-DD”的格式添加在股票名称后就能获得，具体语句如下：

```
baba = pandas_datareader.get_data_yahoo('BABA','2017-1-1','2018-1-1')
```

随后我们可以得到在 2017 年 1 月 1 日到 2018 年 1 月 1 日间，阿里巴巴集团的股票数据。因为刚才我们已经将所获的数据赋值给了“baba”这个变量，所以只需要在命令行中直接输入“baba”就能进行大致查看，具体内容如图 3.17 所示。

```
baba
```

Date	High	Low	Open	Close	Volume	Adj Close
2017-01-03	89.000000	88.080002	89.000000	88.599998	8789400	88.599998
2017-01-04	90.889999	88.580002	88.985001	90.510002	11490200	90.510002
2017-01-05	94.809998	91.639999	91.910004	94.370003	16821500	94.370003
2017-01-06	94.500000	93.000000	94.400002	93.889999	7639800	93.889999
2017-01-09	95.650002	93.309998	94.160004	94.720001	10792900	94.720001
2017-01-10	97.903999	95.550003	96.400002	96.750000	14780600	96.750000
2017-01-11	97.449997	95.599998	96.919998	96.940002	8735900	96.940002
2017-01-12	96.849998	94.800003	96.849998	95.900002	8424700	95.900002
2017-01-13	97.379997	95.760002	95.949997	96.269997	10701100	96.269997
2017-01-17	96.589996	95.000000	96.320000	96.120003	6301600	96.120003
2017-01-18	96.269997	95.260002	96.269997	96.000000	6610700	96.000000
2017-01-19	96.699997	95.580002	96.419998	96.169998	7090000	96.169998
2017-01-20	97.150002	95.670998	96.449997	96.059998	9685800	96.059998
2017-01-23	98.669998	96.260002	96.480003	98.410004	14090300	98.410004
2017-01-24	103.190002	99.940002	103.150002	101.430000	37181500	101.430000
2017-01-25	104.269997	101.900002	102.459999	104.059998	23322800	104.059998
2017-01-26	104.570000	102.169998	103.919998	102.750000	12504800	102.750000
2017-01-27	102.699997	101.290001	102.250000	102.070000	8031000	102.070000

图 3.17　“get_data_yahoo”函数获取的股票数据

从获取到的数据来看，我们得到了日期、当天最高价位(High)、当天最低价位(Low)、开盘价位(Open)、收盘价位(Close)等信息。通过上述信息，我们可以更进一步尝试使用 Python 的另一个工具库 Matplotlib 来绘制这段时间内的股票走势图。

Matplotlib 是基于 Python 及其数学库 NumPy 的一款绘制图像库，经常应用在绘制图像以及实现数据可视化。这里主要目的是将刚才所获得的阿里巴巴的股票数据通过图表来展示，从而能够直观地反映出数据的特点和数据间内在的联系。

Matplotlib 的运用与 Pandas_datareader 一样，都需要先在 Python 界面中对其进行引用，命令如下：

```
import matplotlib.pyplot as plt
```

这里主要使用的是 Matplotlib 中的 Pyplot 函数集合。在这个函数集合中，每一个函数都有着其相应的功能（有兴趣的读者可以调取 Pyplot 的文档进行学习）。例如当我们需要绘制一条曲线的时候，可以通过使用 Pyplot 函数集合中的 plot 函数来完成绘制。这里我们想要将刚才获得的股票数据中“Adj Close”这一列的数据作为需要被曲线图展示的对象，可以通过调用 plot 函数并且申明坐标轴数据的方法来完成。命令如下：

```
plt.plot(baba["Open"])
```

然后 Python 就会根据所调用的函数以及其中输入的参数，生成一张 2D 线图，如图 3.18 所示。

[〈matplotlib.lines.Line2D at 0x7fc6e3a82a90〉]

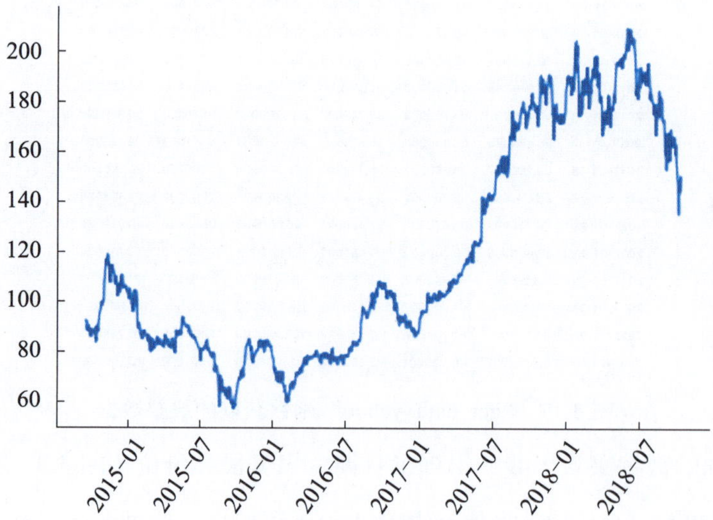

图 3.18　plot 函数生成的 2D 线图

从图3.18中，可以直观地看出“Adj Close”（调整后收盘价）的波动以及增长。

3.1.8 Python金融数据分析实例

获得了数据以及有了可视化的图表之后，数据的计算以及相关的分析过程将会为最后的决策提供最有效的支持。例如在日常的金融数据计算和分析的过程中，我们经常需要使用较为复杂的科学计算来对股票、债券、货币、商品以及各种随着市场价格变动定价的金融衍生工具进行合理的定价，其中最经典的莫过于布莱克-肖尔斯期权定价模型（Black-Scholes Option Pricing Model，BSM）。例如对于基本的看涨期权的估值，可以简单地通过蒙特卡罗模拟配合BSM就能完成。这些较为复杂的模型和运算都可以通过Python以及上述我们提到过的工具包来辅助完成。

在上述内容中，我们给出了如何简单地通过调用Python外部工具库来获取相关的金融数据以及对其进行基本的可视化操作。但是从已经获取的股票数据中可以发现，它不仅包含调整后收盘价这个特征值，同样还有开盘价、最高价等有用的信息。那么如何能简单便捷地将所有的数据特征值在图表中进行表示，又不需要画4条独立的线用来分别表示开盘、收盘、最高价和最低价呢？在证券市场上一个经常被用到的，并且看起来十分专业的一种图表就可以很好地将这4种数据同时在图表中展现出来，也就是经常说的K线图，又称为蜡烛图。接下来，我们通过Python将之前我们所获得的金融数据以K线图的形式进行可视化操作。

（1）选择配置本地环境。为了方便配置标准的环境，并且节省安装时间，本案例使用在线编辑器Jupyter Notebook进行试验。假设我们现在已经获得了所需要的用来制作K线图的股票数据，其中包括开盘价、收盘价、最高价和最低价等。如同前面的例子，用户可以借助相关的工具库来帮助完成K线图的制作，因此Pandas_datareader和Matplotlib仍然将在这个案例中继续被使用。为了让用户能够更好地理解如何在绘制过程中使用Matplotlib、同时需要使用哪些工具，本案例将不会直接导入整个Matplotlib工具库，而是有针对性地导入所需要的方法函数。

（2）分析一下有哪些工具包和相应的内置函数会被调用。通常我们在确定需要导入哪些工具库时，应当按照我们任务过程中的实际需求来确定，对于无用的库，应当在编写完成后将其删除。在本案例中，任务的对象是阿里巴巴的股票数据，而任务则是将阿里巴巴的股票数据用 K 线图表示出来。根据操作对象和任务，可以确定我们需要导入 Pandas_datareader 库和 Matplotlib 库。在 Matplotlib 库中，我们需要使用到 pyplot、dates 和 finance 这三个子模块（或称为子库）。根据上述内容，我们使用 Pandas_datareader 来获取相关的股票数据，同样地为了在坐标轴中显示股票的日期数据，我们需要导入 Matplotlib 中的 dates 子库，最后需要使用到 Matplotlib 中的 finance 子库中的 candlestick_ohlc 函数来帮助我们画出 K 线图。

（3）为了简化在后续程序中的调用，我们使用以下命令将子模块的名称用我们自定义的名称进行表达：

```
import matplotlib.pyplot as plt
import matplotlib.dates as mdates
```

在上述命令中，我们使用 plt 和 mdates 来分别代替 pyplot 和 dates 子模块。

因此导入工具库部分的代码为：

```
import pandas_datareader
import matplotlib.pyplot as plt
import matplotlib.dates as mdates
from matplotlib.finance import candlestick_ohlc
```

（4）在完成了工具库的导入后，接下来需要做的就是获取相应的数据，并且对所获得的数据调整数据结构，最后将处理好的数据传输到 candlestick_ohlc 函数中。candlestick_ohlc 函数具体包含以下参数：

```
matplotlib.finance.candlestick_ohlc（ax，quotes，width，colorup，colordown）
```

其中 ax 表示要绘制的竖轴；quotes 表示具体的股票序列数据信息，例如当天的日期、开盘价、收盘价、最高价和最低价。其中需要注意的是参数 quotes 中的日期必须采用浮点式日期格式，因此需要使用 date2num 函数对由 Pandas-datareader 获得的数据进行转换。width 表示图中方块的宽度。colorup 表示收盘价格高于开盘价格的方块的颜色。与此相反，colordown 则表示的是收盘价格低于开盘价格的方块的颜色。

下面是关于使用 candlestick_ohlc 来绘制蜡烛图的部分代码：

```
# Make a figure object with axis
fig，ax = plt.subplots（ ）#Add a subplot to the current figure
# Add the candlestick to the figure
candlestick_ohlc（ax，quotes，width=0.6，colorup= ‘red’，colordown= ‘green’）
```

在这里 quotes 为之前处理好的股票数据，具体包括时间、开盘价、收盘价、最高价以及最低价。同时为了符合国内股市的习惯，将上涨的颜色设置为红色，而下跌的颜色设置为绿色。最后就可以通过保存图片或者显示图片对象，获得的 K 线图，如图 3.19 所示。完整的代码附在后面。

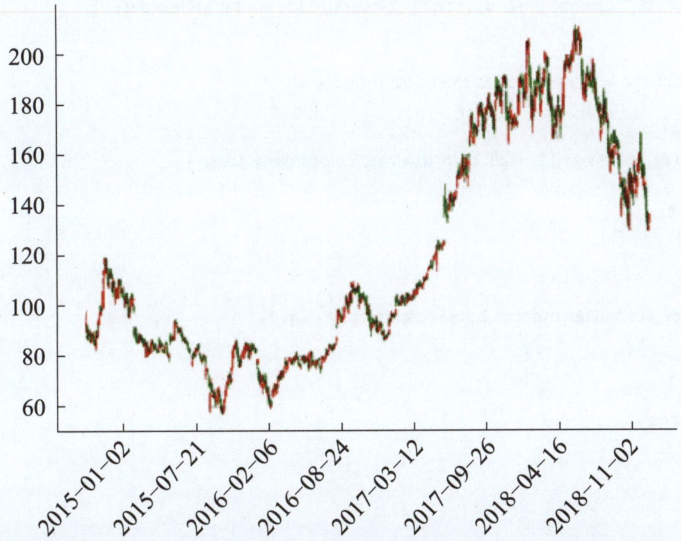

图 3.19　股票 K 线图

案例代码：

```
# 1th step: import libraries
import pandas_datareader
import matplotlib.pyplot as plt
import matplotlib.dates as mdates
from matplotlib.finance import candlestick_ohlc

# Collect the stock data of "Alibaba" without a specific time range
baba = pandas_datareader.get_data_yahoo("BABA")


date = mdates.date2num(baba.index.tolist())
closep = baba["Close"].tolist()
highp = baba["High"].tolist()
lowp = baba["Low"].tolist()
openp = baba["Open"].tolist()
adj_closep = baba["Adj Close"].tolist()
volume = baba["Volume"].tolist()

quotes = [tuple([date[i],openp[i],highp[i],lowp[i],closep[i]]) for i in range(len(date))]


fig, ax = plt.subplots() #Add a subplot to the current figure

# Add the candlestick to the figure
candlestick_ohlc(ax,quotes, width=0.6, colorup='red',colordown='green')

fig.autofmt_xdate()
fig.tight_layout()

# Adjust the axis
ax.xaxis.set_major_formatter(mdates.DateFormatter('%Y-%m-%d'))
ax.grid(True)

# Save the figure as "Test.png" file
plt.savefig('Test.png')
plt.show()
```

3.2 R 语言

3.2.1 R 语言简介

R 语言作为一种用于统计分析、图表表示和报告的开源免费语言，拥有着和 Python 一样的魅力，被众多学者和研究员使用在人工智能领域以帮助研究。R 语言由 Ross Ihaka 和 Robert Gentleman 在新西兰奥克兰大学创建，后续由专门的 R 语言开发核心团队来负责维护和开发。根据 R 语言的两位作者的名字首字母，这种语言被取名为 R 语言。R 语言 Logo 如图 3.20 所示。

图 3.20 R 语言 Logo

R 语言和 Python 一样都具有跨平台编译工作的能力，包括 UNIX（也包括 Linux）、Mac OS 和 Windows。在早期阶段，R 语言并没有丰富的人工智能子领域中的算法库，但是包含很多内建的统计以及数据分析的功能。在逐渐发展的过程中，由于受到开源的影响，越来越多的算法模型工具包被专家们加载到 R 语言的基础配置中，例如机器学习的很多算法。所以现在当用户使用 R 语言时，能通过 R 语言的工具包来找到这些算法。如果你也有兴趣帮助 R 语言进一步完善，可以在 Web 上搜索“CRAN”来寻找相关的文档和用户工具包。所谓的 CRAN 是 R 语言综合文档网络的简称，英文全称为 Comprehensive R Archive Network。在 CRAN 上不仅收录了 R 语言的原始代码和说明文件，也收录了各种由用户编写的工具软件包，用来帮助其他用户在使用 R 语言时能更好地完成相应的任务。目前全球共有超过 100 个 CRAN 镜像站点。CRAN 的具体地址为 https://www.r-project.org/。

3.2.2 R 语言的特性

R 语言最初的设计目的是帮助用户进行统计分析、数据处理和计算以及图形表示等，R 语言有以下的特点：

（1）R 语言可以有效地进行数据处理和存储。

（2）R 语言提供了一套针对数组、向量，特别是矩阵计算的运算符。

（3）R 语言为数据分析提供了大型的、连贯的、集成的中间工具集合。

（4）无论是对于屏幕上的数据显示和分析，还是与硬件打印相关的分析结果，R 语言都提供了良好的图像化工具。

（5）R 语言是一种有着良好开发体验，简单并且有效的编程语言，其中包括条件、循环、用户自行定义递归函数以及 IO 设施等，使得有编程经验的工程师更容易上手，同时对于初学者而言也不会感到太难。

3.2.3 R 语言的安装

很多时候我们在学习语言的过程中，不需要设置自己的本地环境，而可以直接使用在线的编译环境。使用在线的编译环境来学习语言，可以避免本地安装文件的不完整，并且在线编译环境中已经安装了标准库和一些常用的工具库，因此推荐使用在线编译环境来进行语言的学习。例如在学习 Python 和 R 语言的时候，我们就选择使用 Juypter Notebook 来帮助我们进行线上的编译学习。

在介绍 Python 的时候，我们使用的是 Juypter Lab 服务作为编译环境，那么在 R 语言的学习过程中，我们将会选择使用 Juypter 提供的 R 语言在线服务来作为编译环境和工具。Juypter 在线编译服务环境链接为：http://juypter.org/try。

如果你仍然愿意在本地设置R语言的环境，则可以参照下面的步骤来进行设置。

CRAN 资源镜像网站提供了各种平台所对应的安装包，你可以在其镜像网站中找到。在 Windows 平台上，可以通过以下链接下载到最新的 R 语言的 Windows 安装包 https://cran.r-project.org/bin/windows/base/。

按照提示安装完成后，可以找到程序图标，通过双击图标打开图形用户界面（GUI）来进行 R 语言的编程。同时为了更好地使用 R 语言来完成相关的任务，我们也可以同时安装 R 语言的 IDE（集成开发环境）：R studio，但是其前提是需要先安装 R 语言。

R studio 下载链接为 https://www.rstudio.com/products/rstudio/download/。

在完成 R studio 的安装后，可以直接运行 R studio 来进行程序的编写。R studio IDE 的界面如图 3.21 所示。

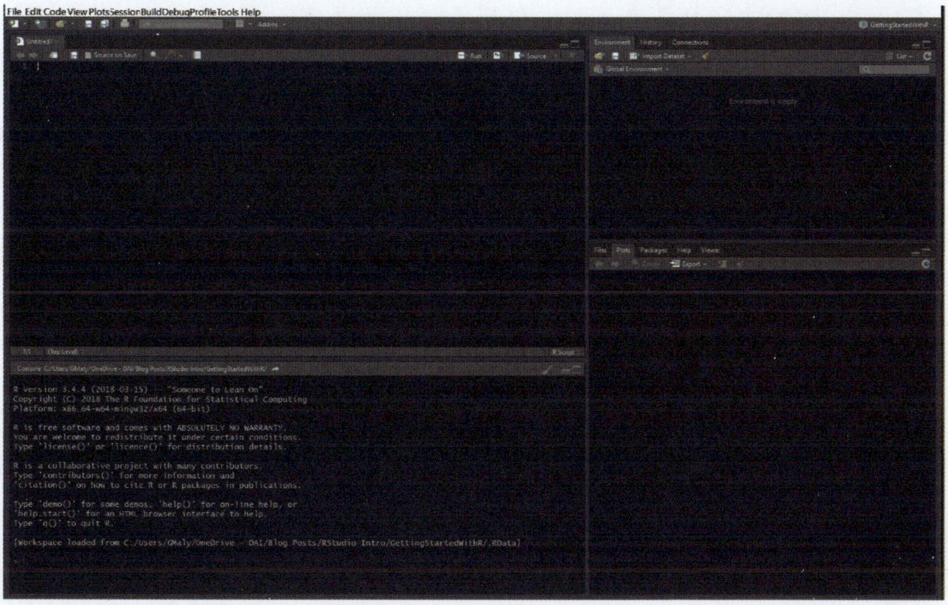

图 3.21　R studio IDE 的界面

3.2.4　R 语言工具库的加载

在前文中我们提到，有很多的专家学者开发了很多专业领域的算法和工具包，并且被收录在了 CRAN 中。那么我们该如何安装和加载这些工具包呢？

安装这些算法工具包主要有两种方式：第一种是通过调用其中的 install.packages（ ）函数来进行安装；第二种是通过 GUI 界面来安装。

当用户使用 install.packages（ ）函数对某些工具包进行安装时，R 语言会链接到相应的 CRAN 资源并下载与其操作系统相匹配的工具包。但是对于一些类似于 RWeka 或者 mlr 这样的机器学习包在安装的时候，可能会被要求先行安装一些基础的工具包，例如在安装 mlr 工具包时会出现下面的提示信息。

```
install.packages("mlr")
```

```
Installing package into '/srv/rlibs'
(as 'lib' is unspecified)
also installing the dependencies 'ParamHelpers', 'BBmisc', 'checkmate',
'data.table', 'parallelMap'
```

从提示信息中，我们在命令行中输入了“install.packages（“mlr”）”命令来安装 mlr 包。随后在下方红色背景的部分中提示我们工具包的安装位置，以及正在安装运行 mlr 所需要的其他的一些工具包，这些工具包被称为 dependencies（依赖工具包）。在通常情况下，这些依赖工具包会根据目标工具包的需求而自行完成下载及安装，但在调用这些工具包时仍然需要安装某些软件包，此时需要再次调用 install.packages（ ）函数来完成安装。

通常情况下，我们不需要更改其安装地址，但如果用户有更改安装地址的需求，可以通过更改 install.packages 中的 lib 参数来将其安装到其他的路径。

那么如何使用图形用户界面 GUI 来安装工具包呢?

在 GUI 的界面中，R 语言提供了相应的 installer 选项。在 Windows 的版本中，可以使用在 Packages 菜单下的 install packages 来完成。而在 R studio 的 IDE 中，则专门提供了一部分的子界面来显示关于工具包的信息。

最后我们需要了解的是，由于 R 语言并不会在打开后就自动导入我们所需要加载的工具包，因此在下载了相应的工具包后，还需要手动将其导入，命令如下：

```
>>library（mlr）
```

通过上述的方法，我们就能在案例中用加载了的工具包来帮助我们完成相对应的任务。在下面的章节中，为了能够帮助大家理解如何使用 R 语言来进行一些基本的操作，包括相关的工具资源包的安装以及引用，我们将给出一个简单的例子。

3.2.5 R 语言实际运用案例

假设现在我们需要使用 R 语言来完成对苹果公司的股票数据分析，希望能够建立相关的量化模型以及通过分析市场技术指标数据来监控未来走势，从而发现盈利的机会。

在这个环节中，很多任务都存在着相同的基础步骤，也就是我们需要足够的数据。但就像在 Python 章节中所讲的一样，我们不可能人工去一条条翻找相关的金融市场数据，也不希望通过读取本地文件来获得每天的更新数据。同时对于大数据来说，通常目前很多算法包或者目标模型系统都对输入文件的格式有着一些基本的要求，例如文件存储格式等。另外为了提升相关的模型训练精度，以及去除原始数据中的一些无效数据或者字符等，总需要耗费大量的时间对文本进行清洗。

为了节省数据清洗的步骤，方便用户直接调取相关的金融行业的数据，R 语言也和 Python 一样有着金融数据的工具资源库，可以通过调取库中的 API 接口从而直接获取相应的金融数据。

第一步：安装金融数据资源工具包 quantmod。

与 Python 的 Pandas_datareader 数据资源包一样，R 语言也提供了具有同样功能的数据资源工具包 quantmod。

按照上面介绍的安装工具包的方法，直接在命令行中输入以下命令来安装 quantmod 这个资源工具包：

install.packages（“quantmod”）

第二步：加载已经安装完成的 quantmod 包。

调取工具包的命令为：

library（XX）

注意：这里的 XX 为工具包的名称，此处需要加载 quantmod 工具包，因此具体命令为：

library（“quantmod”）

如同 Python 的金融数据包来源一样，R 语言的金融财务数据工具包可以从各种来源免费获得，主要的来源有雅虎财经、谷歌财经、MSN 等。用户可以通过直接访问这些站点来手动下载获取这些数据。同样的，也可以利用 R 语言工具包中所嵌入的功能方法函数，通过访问服务器来获取这些数据。在 quantmod 中，主要用 getSymbols 来获得相关的金融数据。

第三步：通过加载完成的 quantmod 包的 getSymbols 方法来获得苹果公司的股票信息。为了能够获得苹果公司的股票数据信息，首先需要知道苹果公司的股票代码为 AAPL；其次，由于 getSymbols 函数默认设置来源为雅虎财经（Yahoo），因此不需要对数据来源进行修改，如果需要修改数据来源参数，则可以在 getSymbols 函数中修改 src 参数。所以获取 AAPL 数据命令如下：

> getSymbols（“AAPL”，src =“yahoo”）

在命令行下方将会返回成功获取数据的信息，如下：

```
> getSymbols("AAPL",src = "yahoo")
[1] "AAPL"
>
```

这里利用 getSymbols 函数检索并且将检索的金融数据转换为 xts 格式。所谓的 xts 格式全称为 extensible time-series object，也就是可扩展的时间序列对象，它允许以 Date 日期格式来处理时间序列的数据。因此用户需要加载 xts 的工具库来处理 xts 对象。这也是为什么在加载 quantmod 数据资源包的时候会显示正在加载 xts 包的原因。

通常在日常工作中，一般我们都会使用 saveRDS 函数将 xts 对象存储为二进制的格式文件，从而使得数据文件可以进行转移。而将数据从文件中重新加载到 R 语言的工作环境中，则需要使用 readRDS 方法。

第四步：快速查阅所获取的金融数据。

我们可以利用不同的工具，来对数据进行查阅。在 R studio 中，用户可以在界面中找到专门的数据（Data）面板如图 3.22 所示，在其中会显示所获取到的金融数据信息变量名称以及相关的大致信息。

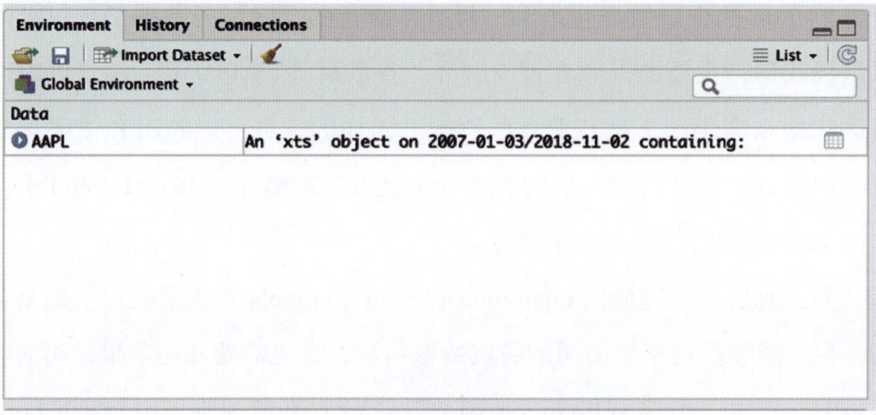

图 3.22　R studio 中的数据（Data）面板

在数据面板中，用户可以直接单击数据名称来进行快速查看，如图 3.23 所示。

AAPL

Filter

	AAPL.Open	AAPL.High	AAPL.Low	AAPL.Close	AAPL.Volume	AAPL.Adjusted
2007-01-03	12.32714	12.36857	11.70000	11.97143	309579900	8.044793
2007-01-04	12.00714	12.27857	11.97429	12.23714	211815100	8.223352
2007-01-05	12.25286	12.31428	12.05714	12.15000	208685400	8.164792
2007-01-08	12.28000	12.36143	12.18286	12.21000	199276700	8.205114
2007-01-09	12.35000	13.28286	12.16429	13.22429	837324600	8.886713
2007-01-10	13.53571	13.97143	13.35000	13.85714	738220000	9.311990
2007-01-11	13.70571	13.82571	13.58571	13.68572	360063200	9.196792
2007-01-12	13.51286	13.58000	13.31857	13.51714	328172600	9.083512
2007-01-16	13.66857	13.89286	13.63571	13.87143	311019100	9.321591
2007-01-17	13.93714	13.94286	13.54571	13.56428	411565000	9.115191
2007-01-18	13.15714	13.15857	12.72143	12.72429	591151400	8.550713
2007-01-19	12.66143	12.80714	12.58857	12.64286	341118400	8.495993
2007-01-22	12.73428	12.73714	12.23571	12.39857	363506500	8.331832
2007-01-23	12.24714	12.50143	12.21571	12.24286	301856100	8.227192
2007-01-24	12.38286	12.45000	12.29714	12.38571	231953400	8.323194
2007-01-25	12.44429	12.64286	12.29000	12.32143	226493400	8.279993

Showing 1 to 17 of 2,982 entries

图 3.23　快速查看苹果公司股票数据

同样也可以在命令行中输入数据查询命令：

View（AAPL）

命令行在读取到该命令后，就会弹出如图 3.23 所示的数据视窗来方便用户快速查看数据。

到此为止，我们介绍了在大数据中经常会用到的两种编程语言以及相关的工具包。那么接下来，需要面对一个新的问题。假设你现在接到任务，需要对 10TB 的数据进行处理，并且进行数据分析和挖掘，在这过程中通过一些机器学习的方法来构建一个具有预测价格功能的模型。这个时候需要解决的问题就是如何使用分布式计算框架来帮助用户更快地处理相关数据，这也是需要掌握的重要的大数据分析技能。我们将会在下一部分内容中介绍一种分布式计算的框架，Hadoop。

3.3　分布式计算框架

通常数据科学及数据工程师在处理巨大的数据时，经常需要考虑的是如何能够高效快捷地获取所需要的信息。越来越大的数据自然而然会导致处理时间大大增加，然而金融市场瞬息万变，金融数据的波动更会影响到用户的投资策略。而通常数据的产生速度远远高于一台个人计算机所能处理数据的速度，而超级计算机这类具有战略意义的设备也无法被普通个人所调用。因此分布式计算才会在现今大部分的 IT 和互联网公司中都被广泛地使用。Hadoop Logo 如图 3.24 所示。

图 3.24　Hadoop Logo

3.3.1　大数据所带来的挑战

首先我们来假设一种情况，当你准备处理 10MB 的数据时，你会发现，你完全可以在你的台式机上，一边悠闲地喝着咖啡享受着午后的阳光，一边处理着这 10MB 的数据。你完全不需要担心你的台式机的数据计算处理能力。

然而当你需要处理 1GB 的数据时，你也可以顺利地通过本地环境操作并且计算被储存在相关的数据库里的数据。在这种大小的数据规模下，你可能只能喝着咖啡，但舍弃了享受的心情。

接着你的上司将所需要分析的数据量增加到 10GB，然后你会发现你的计算机已经到了处理极限。在这种情况下，你该怎么做？是鼓起勇气告诉老板给你换台性能更好的计算机呢，还是举手投降？

当然，也不排除有的老板能够非常有魄力地加大设备投资来购买运算能力更强的计算机。可是再过几个月，你会发现你需要处理的数据从 1TB 不知不觉地变成了 100TB。同时客户要求你的产品能够提供非结构化的数据，导致整个计算能力需求又快接近计算极限的时候，你该怎么办？要求老板投资一台超级计算机或许是个不错的选择。

但有另一种更优秀的解决方案，即 Hadoop 能够帮助你解决这一系列的麻烦。

3.3.2　Hadoop 概述

1. 什么是 Hadoop

Hadoop 是由 Apache 基金会所开发的一款开源的分布式系统基础构架。整个 Apache™ Hadoop 项目为可靠的大规模运算提供了一个低成本、开源的构架，它使用 Java 编写，允许分布在集群中，并提供了跨计算机集群的分布式存储和计算的环境。简单来说，Hadoop 可以将一个整体的数据集或者整体的计算任务拆分成上千份，然后由上千台机器来分别进行存储或者本地计算。

目前使用 Hadoop 的主要用户有：Netflix、Twitter、Facebook、Microsoft、Amazon、Yahoo，以及很多其他的用户，如图 3.25 所示。

图 3.25　使用 Hadoop 的用户们

2. Hadoop 的使用意义

Hadoop 的使用意义在于，它提供了能够在多系统上并行读取和写入数据的能力，让应用程序能够和数千个节点进行协同工作来处理海量数据。其中最重要的一点在于，它通过 HDFS 和 MapReduce 两个核心功能，提供了可靠的共享储存和分析系统。最后，Hadoop 还是一款具有免费软件开源协议的软件。

3.3.3　Hadoop 的发展历史

如同之前我们假设的场景一样，从 2000 年年初开始，用户对于数据处理的需求开始超过了单一工作平台的处理能力。用户无法只是通过购买更高性能和昂贵的系统设备来满足日渐增长的数据处理需求。与此同时，一些互联网公司——例如 Google，发现它们获取的数据远远超过了最快的计算机的处理能力。最终这些公司认识到，在数据量急剧增加的情况下，典型的客户端或者服务器架构远远无法适应和完成处理远超过其本身计算能力的任务。因此一种新的架构的创建需求就产生了，这也是 Hadoop 所产生的动机。

Hadoop 由 Doug Cutting 创建。在 2002 年，Doug Cutting 在由 Yahoo 资助的 Apache Nutch 项目组工作。Apache Nutch 简单来说是一款开源搜索引擎项目。但对于当时的 Nutch 项目来说，并没有足够的能力去处理数十亿个网页，因此需要一种新的解决方案，来帮助 Nutch 项目能够具有更好的扩展处理能力。

随后在 2003 年，遇到相同问题的 Google 发表了一篇可以很好解决这一问题的论文——Google File System，其中阐述了它们所用的分布式文件系统（GFS 或者 GoogleFS）的结构。

在随后的一年中，GFS 的概念被借鉴并且整合到了 Nutch 项目中，从而创建出了 Nutch 分布式文件系统（Nutch Distributed FileSystem，NDFS）。NDFS 的出现填补了 Nutch 项目的一个重要的漏洞。它帮助解决了对于拥有少量机器的用户在安装 Nutch 过程中如何平衡和管理存储空间和安装时间的问题。

同年，Google 进一步对 GFS 进行了改进并且融合了 MapReduce 技术。

在 2006 年，雅虎 Yahoo 给 Nutch 提供了 Apache 软件基础，从而使得 Nutch 和分布式 Hadoop 文件系统与 Apache HBASE 相结合使用。与此同时，相关 MapReduce 项目和上述提到的 Apache HBASE 项目都被转移到了 Hadoop 子项目中进行继续的研究开发。

同时在 IBM、Google 和 Yahoo 等计算机领域的主导者的参与下，将 Hadoop 引入到基础业务架构中，Hadoop 项目经历了一系列更完善的优化，并且在随后的几年中，不断优化和丰富 Hadoop 架构。例如在 2009 年，Avro 项目被添加进 Hadoop 整体项目中。作为一个数据序列化的系统，Avro 可以将数据结构或者对象转化为便于存储和传输的格式，从而支持数据密集型的应用，方便本地或者远程大规模数据的存储和交换。

自从 2008 年后 Hadoop 组件或者项目进行了以下更新：

- 2009 年 Avro 加入 Hadoop 家族。
- 2010 年 HBASE 更新，Pig、Hive 被添加进 Hadoop 项目。
- 2011 年 Zookeeper 被添加进 Hadoop。

● 相应的 Hadoop 辅助衍生项目，例如，Spark、Oozie、Mahout、Sqoop、HCatalog、Cassandra、Flume 等。

Hadoop 名字的由来就像 Python 一样，并非来自某项专业的技术，而是来自于创始人之一的 Doug Cutting。Doug Cutting 以他儿子的玩具大象的名字 Hadoop 来命名这个开源框架。

3.3.4 Hadoop 框架组件

要了解 Hadoop 中的组件及其相应的功能，就要先了解一下 Hadoop 的架构。从 Hadoop 架构来看，它是为了能够更好地将多个计算设备组成一个高性能计算群组，从而具备可以处理大数据的能力。换句话说就是多个计算设备在一起工作，共同处理储存和计算数据的问题。因此从上述内容来看，Hadoop 的架构是分布式的，是一款“Master/Slave”架构（也翻译为主从架构）。

Hadoop 框架最核心的设计就是 MapReduce 和 HDFS。HDFS 为海量的数据提供了存储，而 MapReduce 则为海量的数据提供了计算。

1. MapReduce

对于 Hadoop MapReduce，最简单直观的认识是，这是一个使用简易的软件框架。它能够支持应用程序在一个由上千个计算节点组成的 Hadoop 集群上运行，并且以并行处理的方式来处理 TB 大小的数据，甚至是 PB 大小的数据（1GB = 1024MB；1TB = 1024GB；1PB = 1024TB）。

作为一种通用并行处理的方法，MapReduce 框架将一系列的计算处理高度地概括为 Map 和 Reduce 两个函数功能，从而隐藏了在计算过程中并行化、远程执行、数据分配、故障容错等的复杂度。

MapReduce 通常会把需要等待处理的大规模数据集切分成为许多独立的分片数据块，而这些分片数据块可以由 Map 任务以完全并行的方式对它们进行处理计算。在计算处理完成后，由 Reduce 任务来对计算结果进行整合。相关的大规模数据集的输入和输出则会被储存在文件系统（HDFS）中。因此整个框架会负责计算任务的调度和监控，以及对于失败的计算任务进行重新计算等操作。

MapReduce 的大致架构如图 3.26 所示。

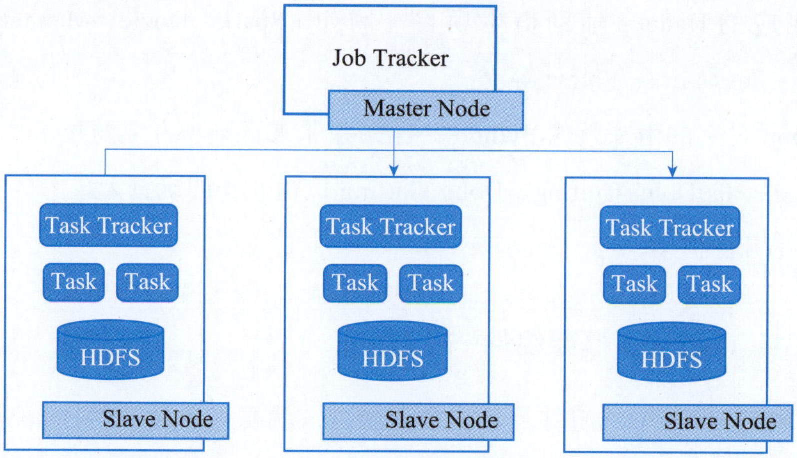

图 3.26 MapReduce 架构

从图 3.26 中可以看出，MapReduce 框架是由一个独立的 Mater Node 和多个集群节点（除 Master Node 外的 Slave Node）共同组成的。在 Master Node 上的 Job Tracker 会负责调度构成一个作业（或称为 Job）的所有任务。这些任务会被分布在不同的 Slave Node 上，而 Master Node 上的 Job Tracker 则会监控它们的执行情况，或者判断是否需要重新执行已经失败的任务。因此 Master Node 可以被看成是大脑，由它来控制全局，Slave Node 则仅负责执行 Master Node 分配给它们的任务。

从 MapReduce 这一名称上，也可以简单地看出它主要是由两部分的功能构成的，分别为 Map 函数和 Reduce 函数，也称为映射函数和归纳函数。简单来说，映射函数会对每一个已经切分的数据块元素进行指定的操作。在这里需要注意的是，每个元素都是被独立操作的，并且会创建新的对象用于保存处理后的结果。而归纳函数则用于对一个列表中的元素进行适当的合并。例如，将一个列表中的数据通过奇偶位置相加，并且不断通过递归运算的方式来减半列表，直到最终列表中只剩下一个元素。

2. HDFS

在对 Hadoop 的 MapReduce 有了大致的了解后，我们再来详细看一下另一个核心组件 HDFS。

HDFS 的架构和 MapReduce 的架构基本相似，但是具体功能存在不同。HDFS 也采用了 Master/Slave 架构，一个 HDFS 文件集群通常由一个 Name Node（名称节点）和一定数量的 Data Node（数据节点）组成。

首先来看 Hadoop Distributed File System，全称为 Hadoop 分布式文件系统，以下简称为 HDFS。在 HDFS 中，最重要的是名称节点，以下都用 Name Node 表示。HDFS 架构如图 3.27 所示。

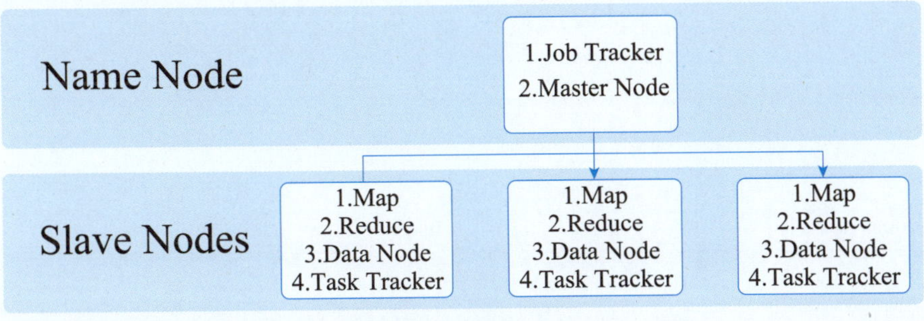

图 3.27 HDFS 架构

一个 Hadoop 集群的 Name Node 主要用于管理决策中枢地点，与 Master Node 相同。Name Node 在 Hadoop 计算集群中的专用指定机器上运行。在功能上，Name Node 不直接进行任何的数据存储操作，它只负责管理数据节点上的存储。与此同时，Name Node 还负责维护分布式系统目录（Catalog）。目录（Catalog）主要用于记录文件和文件夹的名称、大小、访问权限等内容。客户端通过提交查询（Query）检索目录从而找出相关的可用 Data Node（数据节点）。在 Hadoop 集群中只设立单一的 Name Node 的结构大大简化了整个系统的构架，所以可以形象地把 Name Node 看成是一个部门的经理或者一个班级的老师，它会负责管理、仲裁以及分配相关的任务，根据需求找到相应的具体员工或者同学，但它永远不会直接帮助员工处理工作任务或者帮助同学做作业或者考试，同理用户数据也永远不会流过 Name Node。

数据节点（Data Node）专门负责管理它所在节点上的储存，是专门用于存储处理的工作节点。通常来说，一个 Hadoop 集群中可能拥有大量的数据节点，在 Name Node 的统一调度和安排下进行数据块的创建、删除和复制等具体操作，同时也负责处理文件系统客户端的读写请求。因此在 Name Node 指定和调度 Data Node 的过程中，Data Node 会尽可能存储和检索与所需的工作块相关联的位置。这样的设计可以更加高效地进行数据的存储和检索。

因此，如果客户端应用程序想要通过 Data Node 数据节点直接进行数据的读写，它们只需要联系 Name Node 以获取相关工作块的位置，然后由所在块的 Data Node 处理读写操作即可。

第4章

大数据的相关技术

“很多人还没搞清楚什么是PC互联网，移动互联来了，我们还没搞清楚移动互联的时候，大数据又来了。”

——马云卸任演讲

4.1　云计算

在这个充满变化的时代，每个人都在不断地接触新的名字。无论是现在的商业、金融还是互联网行业等，都随处可见几个名词：云计算、大数据、人工智能及区块链。大数据是本书的核心，因此在之前的章节中已经对它进行了详细的阐述。而云计算、人工智能及区块链这几个名词都是最近十年之内突然兴起的。而它们之间和大数据之间的关系又是什么呢？

4.1.1　什么是云计算

云计算的基本定义是作为一种基于互联网的计算方式，通过这种方式，可以共享软硬件资源和信息并按需求提供给计算机各种终端和其他的设备。通过云计算，用户不再需要了解“云”中的基础设备的细节，同时也不需要具有相应的专业知识，更不用直接进行控制[6]。云计算描述了一种基于互联网的新的 IT 服务增加、使用和交付模式，通常涉及通过互联网来提供动态易扩展而且经常是虚拟化的资源[7]。

4.1.2 云计算的服务层面

云计算同时具有三个层面，分别是 IaaS、PaaS 和 SaaS，如图 4.1 所示。

- IaaS（全称为 Infrastructure as a Service）也就是“基础设施即服务”，更通俗的说法为“基础设施作为服务”。
- PaaS（全称为 Platform as a Service）也就是“平台即服务”（或者“平台作为服务”）。
- SaaS（全称为 Software as a Service）也就是“软件即服务”（或者“软件作为服务”）。

图 4.1 云计算架构分层

简单来说，三者的作用分别是：

IaaS 可以让用户使用基础运算资源，如计算力、储存空间、网络能力等。消费者可以使用这些基础资源，但并不实际掌控整个云端的基础架构。在业界主流的 IaaS 主要有 Amazon AWS、Microsoft Azure、Rackspace 和 IBM SmartCloud Enterprise 等。

IaaS 的优点在于无须用户购买昂贵的硬件设备，从而节省开发或者使用成本。同时可按需求扩展基础架构规模，从而适应不断变化的工作需求量，并且 IaaS 能够灵活地按需提供服务。

而 PaaS 则是 IaaS 的上一层服务，将服务器平台作为一种服务提供给用户，其中包括支持构建和交付应用程序的完整生命周期所需要的一切功能。用户能够使用预设工具套件来开发、定制和测试相应的应用程序，从而省去了购买和管理底层硬件、软件、配置和托管的成本，降低了复杂性。平台通常是应用程序基础架构，其主流服务商有 IBM BlueMix、SalesForce、ReadHat OpenShift 和 Google App Engine 等。

SaaS 则提供了完整的可以直接使用和消费的应用程序。通常 SaaS 供应商会通过租赁的形式给用户提供服务，常见的模式为提供一组账号和密码来供用户登录使用。用户可以通过服务提供商提供的账号和密码使本地计算机与“云端”的远程计算机进行连接来完成相应的业务。目前业内较为流行的 SaaS 服务商有 Salesforce、Workday、SAP、Adobe、IBM 和 Google 等[8]。

上述的三个层面就是云计算主要的三个服务层面。目前业界提到最多的是 IaaS，例如 Amazon AWS 中大部分为 IaaS，并且包括一部分的 PaaS。而微软的 Azure 服务则包括了 IaaS 和 PaaS。

4.2　人工智能

要了解什么是人工智能，我们可以通过图灵测试来了解最初的人工智能。

看过由 Benedict Cumberbatch（“卷福”）主演的“模仿游戏”（*The Imitation Game*）的一定会记得他所饰演的 Alan Mathison Turing（又译艾伦图灵照片，如图 4.2 所示）在第二次世界大战时，为盟军破译德国密码锁做出的贡献，与此同时艾伦图灵也为人工智能做出了非常大的贡献。在 1950 年，图灵发表了一篇名为 *Computing Machinery and Intelligence* 的论文。2014 年上映的电影“模仿游戏”（*The Imitation Game*，海报如图 4.3 所示）名称正是来自这篇论文中的第一部分的标题。

图 4.2　Alan Mathison Turing
（来源：http://www.turingarchive.org/viewer/?id=521&title=4）

图 4.3　The Imitation Game
（来源：https://www.imdb.com/title/tt2084970/）

上述的论文中主要讨论了一件事情——机器是否可以思考，并且提出了这个可以判断机器是否能思考的图灵测试。图灵测试主要用来测试某机器是否能表现出与人相同或者人类无法区分的智能。在这个实验中，主要测试内容为由一个人（用 A 表示）使用测试对象都能理解的语言去在意提问两个被测试者。A 与被测试者不能直接看见对方即完全隔开。这两个被测试者中，其中一个是正常思维的人（用 B 表示），另一个是机器（用 C 表示）。如果经过一系列的询问问题后，A 无法实质地区分 B 和 C 的不同点以及哪个是机器人，哪个是正常人类的话，则机器 C 通过了图灵测试 [9]。

这个测试实验对自然语言处理、知识表示、自动推理、机器学习、计算机视觉及机器人自动化等课题都产生重要的影响。

现在的人工智能领域已经不仅仅只是以通过图灵测试作为唯一的衡量机器是否智能的标准了。1997 年 5 月，IBM 的第一代人工智能深蓝（Deep Blue，如图 4.4 所示）战胜了西洋棋世界冠军 Garry Kimovich Kasparov 。随后在 2016 年，由 Google DeepMind 所开发的 AlphaGo（见图 4.5）成功地打败了李世石、柯洁等围棋高手，并且获得职业围棋九段的称号。

在随后的一年中，AlphaGo 的团队又在《自然》杂志上发表了一个没有用到人类数据的新版 AlphaGo，称为 AlphaGo Zero。新版的 AlphaGo Zero 在经过 40

天的自我对弈学习后，超过了之前所有的版本 [10]。

图 4.4 Deep Blue（来源：https://www.flickr.com/photos/22453761@N00/592436598/）

图 4.5 AlphaGo（来源：https://deepmind.com/research/alphago/）

人工智能中包含这两个重要的因素，分别是计算能力和数据。人工智能通过对大量数据的模式识别、分析规律等从而可以从数据中学习到相应的能力。所以当我们在对机器学习模型或者神经网络模型进行训练的时候，通常我们会将输入数据形容为将数据“喂”给模型。可以将我们所需要训练的目标模型看成是一个学生，这个学生能够学会什么，完全取决于你给他看什么教科书，有没有足够的教科书。计算能力可以看成是这个学生计算的能力。所以如果采用的是超级计算机，则可以更快地计算出相应的目标函数。然而在计算能力有限的情况下，不同的算法或者模型就像是不同的学习方法一样，能够帮助学生更加高效地去理解和学习相关的内容。针对不同 的具体任务会有不同的算法模型，例如在图像识别中，Convolutional Neural Network（CNN）卷积神经网络是目前使用最广泛的神经网络。而在自然语言处理中又以 Recurrent Neural Network（RNN）递归神经网络经常被使用。而这些模型的选择和使用领域的不同，最关键的在于对数据的分析。为了能够更好地通过人工智能将数据所蕴含的内容和富有价值的部分更好地展现给人们并且帮助到人们完成很多特定的任务，很多时候数据的特点将会成为使用什么样模型的关键。所以从这方面来说，数据驱使着人工智能的发展。

综上所述，人工智能可以被认为是计算能力与大数据结合的产物，而人工智能也是大数据最好的应用手段。

在人工智能这一大概念下，又同时包含着各个不同的研究课题如图 4.6 所示。机器学习作为人工智能的核心，被认为是使计算机具有学习能力的根本途径，同时它也被应用在人工智能下的各个研究领域中。计算机视觉和其他的研究课题一样，是一门多学科的交叉研究课题，其中不仅仅包括了如何让计算机对数字图像或者视频获得高阶的理解能力，同时也希望仿照人类视觉系统所能完成的任务，从而实现自动地进行视觉处理 [11]。对于自然语言处理研究领域而言，主要探讨和研究如何处理和运用自然语言，目前主要的研究方向有语音识别、自然语言理解、自然语言生成等。数据挖掘则是通过使用机器学习、统计学、数据库等的交叉方法在大数据中发现相应模式的计算过程 [12]。机器人自动化是两个不同的科目，分别为机器人学科和自动化学科。作为人工智能的一种载体，机器人已经被应用在了生活的各个方面，无论是物流分拣中心或者家用智能扫地机器人，都应用到了人工智能下相关研究课题的成果。

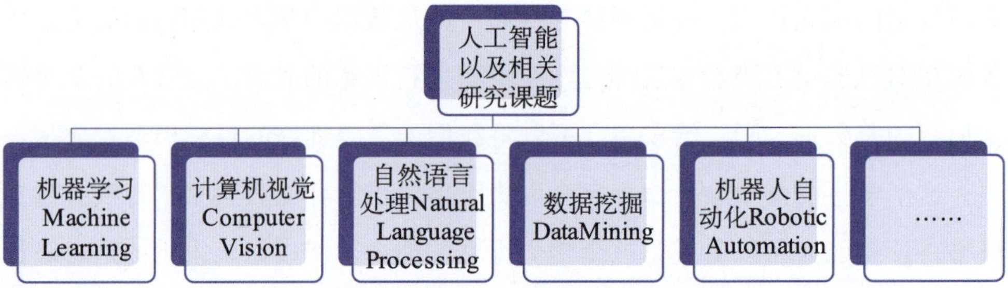

图 4.6　人工智能下的研究课题

4.3　机器学习

上面谈论了人工智能部分的内容后，我们了解到了广义上的人工智能的意义以及与其相关的基本知识。接下来我们将仔细讲解人工智能下关于机器学习的内容。作为实现人工智能的一个重要途径，机器学习被用来解决许多人工智能中所遇到的问题，并且作为一个拥有多领域交叉学科的分支课题，机器学习涉及概率论、统计学、逼近论、凸分析、计算复杂度理论等诸多学科。它的目的在于设计和分析一些可以让计算机自动“学习”的算法，从数据中获取相关的规律，并且利用学习到的规律来对实际数据进行预测。

4.3.1 机器学习的原因

那么我们希望通过机器学习来解决什么样的问题呢?

假设我们需要编写一辆能够自动驾驶的汽车的系统或者程序，那么开发者很难针对复杂的路况来直接编写相应结构化的程序从而解决自动驾驶的问题。又或者需要对人脸进行识别的时候，开发者同样会因为问题十分的复杂而无从下手。但是这些目标任务都能被机器学习所解决并且有着较为不错的效果。例如，对物体进行识别可以用卷积神经网络（Convolutional Neural Network，CNN）[13]，它也是苹果手机人脸识别解锁功能的原理。所以使用机器学习的原因首先是机器学习能够帮助解决较为复杂的问题，其次在某些任务中，能够结合认知科学（Cognitive Science）对于人类大脑的研究从而将其成功应用在机器学习中，最终达到较好的效果，例如卷积神经网络与人类视觉系统就存在着紧密的联系。

在金融行业也同样存在着相关的问题，这些问题也常常是人工无法直接编程能解决的，而利用机器学习来解决却有着比较好的效果。例如当银行需要核查银行账户是否存在洗钱行为，又或者支付宝等线上金融支付机构需要核查交易是否存在异常情况时，由于现实情况的复杂性高，并且异常行为的特征点非常难以捕捉和识别，并且通常相关非法或者导致异常的行为更新速度很快，因此给开发相关排查系统的开发者造成了很大的难度[14]。

因此为了更好地解决类似上述的问题，通常可以将相关历史数据集“喂”给相应的机器学习模型，由机器学习模型对历史数据中上万个甚至更多的特征点以及参数进行学习，从而获得一定的分类预测或者回归预测的能力。例如，当需要对信用卡欺诈行为进行核查时，我们可以使用机器学习程序来对历史欺诈案件和正常信用卡账户的特征点进行学习，这些特征点可能有百万个，因此很难由开发者手工进行参数调整以及特征点识别，而机器学习却可以对大量的特征点进行学习从而调整权重参数。并且如果相关欺诈技术进行了更新，开发者所需要做的就是将最新的数据“喂”给机器学习程序来进行重新训练。因此机器学习可以被用来解决异常识别和模式识别的问题。

同样，我们也能将房价、股票价格等历史数据收集后，将其输入机器学习模型中进行训练，从而获得预测房价或者股票价格的能力。

4.3.2 机器学习的定义

实际上，在业界对于机器学习的定义仍然存在着不同意见，并没有一个广泛被认可的定义。因此我们将从几个不同的定义来了解机器学习。

第一个定义是由 Arthur Samuel 在 1959 年给出的。

定义：机器学习就是让计算机无须显式编程也能给予机器学习能力的研究领域 [15]。

Arthur Samuel 最为机器学习的创始人之一，被誉为“机器学习之父”，如图 4.7 所示，在 IBM 工作期间，他就设计过一款可以学习的西洋跳棋程序。这款程序通过观察棋子的走位来不断更新和构建新的模型来提高学习效果。而 Samuel 本人并不是一个精通西洋跳棋的下棋高手，却能设计出这款具有学习能力的程序，通过让所设计的西洋棋跳程序和自己对弈了上万盘棋后，这款程序能够明白什么是好的下棋策略和布局，最终这款程序的下棋水平超越了设计者本人，因此这个成果是具有里程碑意义的。

图 4.7　Arthur Samuel（来源：Arthur Samuel）

第二个定义则是在 1998 年由卡耐基梅隆大学的 Tom Mitchell 教授所给出的。

定义：对于某类任务 T 和性能衡量标准 P，如果一台计算机在 T 上以 P 衡量的性能随着训练经验 E 而自我完善，则称这个计算机程序对训练经验 E 进行了学习 [16]。

对于学习西洋跳棋的计算机程序而言，它的任务是下西洋跳棋；它的性能则可以用它赢棋的能力或者是比赛中击败对手的百分比来进行衡量；训练经验则可以是和对手下棋对弈的历史局数。因此可以很简明清晰地定义一个机器学习问题需要有三个主要的特征：①任务的种类；②衡量任务学习性能的标准；③学习经验的来源。

在这里将通过下列案例来帮助理解这个定义。

（1）手写数字识别学习问题（MNIST）。

任务 T：识别和分类图像中的手写数据。

性能衡量标准 P：分类的正确率。

训练经验 E：已知分类标签的手写文字数据库。

（2）信用卡欺诈检测问题。

任务 T：检测信用卡是否存在欺诈或者非法套现行为。

性能衡量标准 P：检测出欺诈性交易或者套现行为的百分比。

训练经验 E：存在欺诈和非欺诈的交易记录集合。

（3）成功约会女生喝咖啡的预测问题。

任务 T：预测是否能够邀请心仪女生出去喝咖啡。

性能衡量标准 P：成功邀请女生喝咖啡的百分比。

训练经验 E：已知成功或者不成功的邀请活动事件数据集合（通常包括邀请者本身的数据集合）。

因此从上述的定义中可以看出，一个完整定义的机器学习问题需要有：一个明确的任务目标、如何去评价和度量学习效果以及最后的历史数据（也就是训练数据的来源）。

4.3.3 机器学习算法的分类

机器学习通过不同的算法去解决特定的情况下特定的问题，通过分析数据、训练模型，随后对真实测试数据进行判断和预测，最终被实际运用到产品线中。

用户可以根据不同的数据类型，以及数据标签情况等，选择不同的算法来完成机器学习任务。

目前，机器学习大致可以分为以下几类方法：监督学习（Supervised learning）、非监督学习（Unsupervised learning）、半监督学习（Semi-supervised learning）、强化学习（Reinforcement learning）等，如图 4.8 所示。

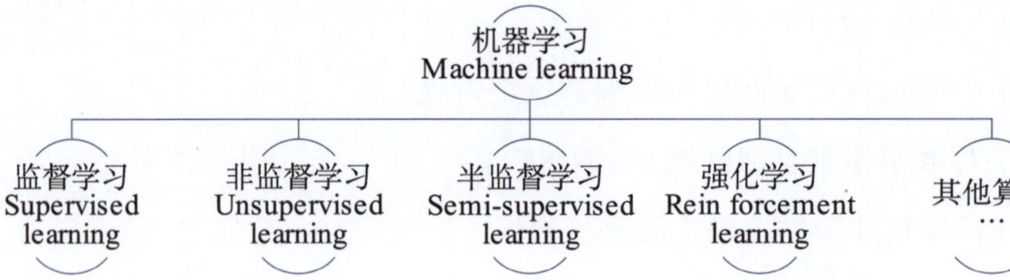

图 4.8　机器学习分类（Machine Learning Algorithms）

1. 监督学习（Supervised learning）

监督学习会根据训练数据集中所输入的数据来建立模型，并且根据这个模型对新的实例进行预测。其中训练数据是由输入数据和实际数据标签所组成的，并且输入数据通常情况下都是以向量的形式输入到算法中的。通过监督机器学习算法对输入数据的学习建模后，使用训练完成的模型来对新的数据实例进行预测，从而获得相应的预测结果，如图 4.9 所示。

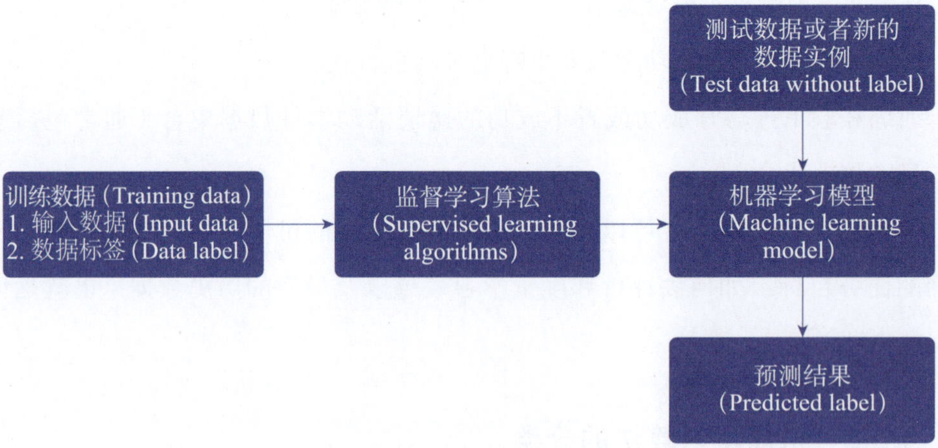

图 4.9　监督学习过程

2. 非监督学习（Unsupervised learning）

非监督学习和监督学习最大的区别在于非监督学习在训练的过程中并没有数据标签的输入。

3. 半监督学习（Semi-supervised learning）

半监督学习是监督学习和非监督学习相结合的一种学习方法。在半监督学习方法中，使用了大量的无标签未标识的数据，同时使用已标识数据来进行模式识别的工作。

4. 强化学习（Reinforcement learning）

强化学习作为机器学习的一个子方法，更侧重于研究学习主体如何根据不同的环境采取不同的行动，从而将所获得的利益最大化。在其他很多研究领域中，强化学习也被广泛使用和研究，例如在运筹学和控制理论中，强化学习则被称为近似动态规划[17]。

4.3.4 机器学习问题领域

机器学习有着监督学习、非监督学习、半监督学习等不同的学习方法，这些方法可以被用来处理和解决不同的问题。因此从问题类别的角度，可以对问题领域和与其相关联的机器学习方法进行大致分类如图 4.10 所示。

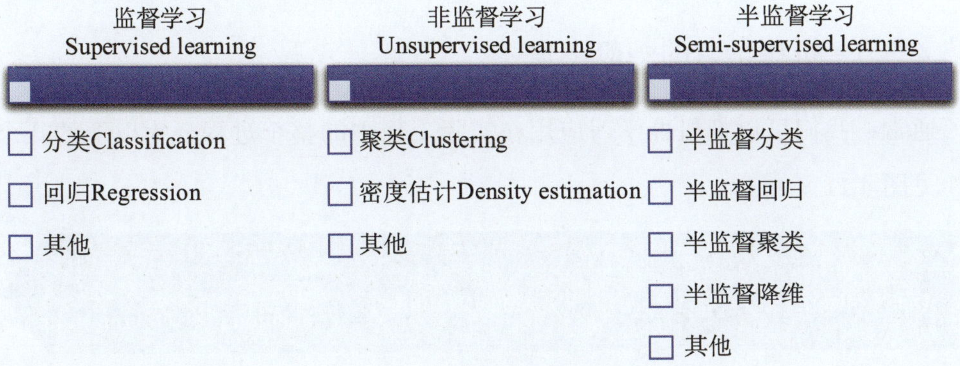

图 4.10 机器学习问题领域

在这里我们简单地对监督学习和非监督学习做一些解释。

在监督学习中，通常包含了两类问题，分别是分类问题和回归问题。

分类问题的目标在于将输入的变量映射为离散的类别（定性输出）。例如对于垃圾邮件的判断就属于二分类问题。又如与对手写数字识别的问题，则可以被认为是多分类问题。而根据数据分析的结果，又可以对分类问题中的核心，也就是分类器划分为线性分类器和非线性分类器等。

回归问题通常预测的目标是输出连续的变量（定量输出），例如根据历史天气状况记录来预测明天的最高气温和最低气温。

简单来说，分类问题和回归问题的区别在于输出结果是定量输出还是定性输出。

而在非监督学习中，从该名称可以简单地理解，“非”就是不受数据标签监督的学习。如果将数据中的标签比喻为老师，那么监督学习就是高中老师给你上课，并且你需要做作业，做完作业后，老师会给你批改并且你需要订正作业的学习过程，并且你需要一直学习直到你的老师对你满意为止。而非监督学习则可以看成是大学生在自学，在这个过程中，你能获得的就是学习资料而已，并不会有老师在你学习过程中监督你的学习，或者在你做完一份作业后是不会有老师来帮你批改并让你订正的。

在监督学习中，我们对样本进行划分的过程叫做分类。而在非监督学习中，我们将样本划分到不同样本类别的过程称为聚类。而其中每个样本类别所在的集合则被称为簇（Cluster）。利用聚类结果，可以提取样本中隐藏的信息，并对未来数据进行预测和分类，应用于数据挖掘、模式识别、图像处理、经济学……

4.3.5 机器学习的一般步骤

通常，我们可以把机器学习应用在实际工作中的整个过程分为以下的几个步骤（见图 4.11）。

图 4.11 机器学习一般步骤

1. 数据收集

在机器学习过程中，数据收集具有举足轻重的地位。没有数据，就没有机器学习后面的所有步骤。通常用户可以根据自己的任务目标来确定收集数据的方法。

例如假设用户需要对社交信息做出相关的预测，则可以通过社群网站所提供的专用数据调取 API 来获取数据，也可以通过编写网络爬虫来爬取相关的数据内容（但出于数据隐私和数据保护的角度，并不鼓励使用该方法来获取数据）。除此以外，也可以通过相关算法来自行产生数据，例如在 AlphaGo Zero 中，其算法并不需要人工数据或者相关领域知识。

2. 分析数据和对数据进行预处理

在这一步骤中，主要由人工来对数据进行大致的分析以便得知数据结构、数据类型等信息。与此同时，也需要对数据进行一定程度的预处理，例如查看是否存在相关的数据为空值。

在自然语言处理中，需要对文本数据去除相关的不可用字符，例如在 Facebook、知乎、豆瓣等网站上爬取到的数据中，经常包含相关的表情符号。根据处理任务和目标的不同，这类不合规的字符是否需要被移除将会按照数据分析以及模型等信息来决定。

另外，为了使模型能够有效进行训练、验证以及评价，通常会对整体数据进行数据打乱和数据切分，将整体数据分为 70% 的训练数据集（Training dataset）、10% 的验证数据集（Validation dataset）和 20% 的测试数据集（Test dataset）。如果在某些情况下，不需要对模型进行验证，也可以将整体数据集分为 80% 的训练数据集以及 20% 的测试数据集。

3. 模型训练

通过之前的步骤，被预处理完成的数据将会输入相关的模型中。模型的选择大部分都是由机器学习的任务和目标，以及数据类型等（例如数据是离散数据或者序列数据等）决定的。最终算法将会以模型的形式来表现数据。

4. 模型评价

在机器学习的定义中，其中一个要素就是如何进行性能衡量，性能衡量的具体表现就是对于模型进行评价。根据使用模型的类型、机器学习的任务，开发人员会用在数据预处理阶段就已经切分好的测试数据集对模型进行评价测试，从而可以获得相应的模型性能的检验标准结果。

因此为了观察模型的效果并且给出较为精确的评价，简单地将准确率

（Accuracy）作为模型的评价指标是不够的。所以在行业中经常会用到的三个指标为：召回率（Recall）、精度（Precision）和 F 值（F_1 − Measure）。通过这三个指标，研究人员和开发人员能够较为全面地了解准确率背后的模型能力。这部分内容会在 4.3.6 节中进行具体介绍。

5. 模型优化

在上一步骤中，我们对模型的性能进行了评价，并且通过评价发现了一些问题，例如过拟合和欠拟合等问题。因此我们需要使用其他方法来提高模型的性能，甚至有的时候需要对机器模型和算法做出整体的调整。例如对于过拟合和欠拟合的问题可能需要优化停止训练的标准，从而使得机器能在达到最优的时候停止训练；又或者进行正则化，添加惩罚项来对某项特征值减小其权重。

什么是过拟合和欠拟合呢？我们透过如图 4.12 所示的三个图表来认识欠拟合和过拟合。在图中我们使用蓝色的线表示已经训练好的线性回归预测函数（或称为 Hypothesis function），而用橘黄色的线表示目标函数（或称为 Target function），训练样本则使用蓝色点表示。训练目标是希望训练好的线性回归预测函数能够非常地近似目标函数（假设目标函数已知）从而具有良好的预测能力，这种良好的预测能力不仅仅需要作用在训练数据上，同时也应该出现在未知的测试数据上。在图 4.12（a）中，可以清楚地看到蓝线在训练数据上的表现并不高。而对于图 4.12（b），蓝线拟合程度高，数据点距离预测函数曲线较近，并且 MSE 值适中。而在图 4.12（c）中蓝线几乎完全经过了所有的数据，其 MSE 值最低。图 4.12（c）的预测函数的均方误差最小，并且几近全部地拟合了（或经过了）所有的数据点，但是这样的拟合却恰恰丢失了信息规律，因此我们将图 4.12（c）所出现的过度拟合情况称为过拟合（Overfitting）。而对于图 4.12（a）所示的这种拟合程度不高的情况，我们则称为欠拟合（Underfitting）。其中 MSE 是 Mean Squared Error 的缩写，也就是均方误差，被用来计算目标变量和预测之间的误差，通常被用在损失函数中。

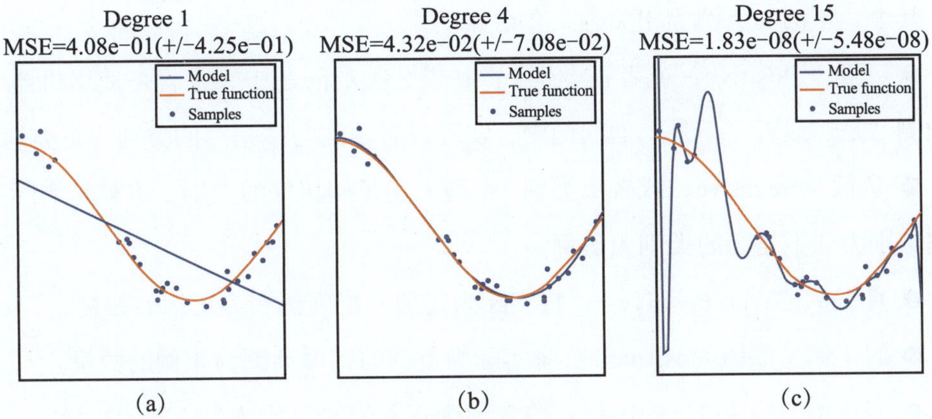

图 4.12　过拟合和欠拟合

（来源：https://scikit-learn.org/stable/auto_examples/model_selection /plot_underfitting_overfitting.html）

在完成了上述的 5 个步骤后，一个机器学习的产品将会被应用在实际的工作中。例如对垃圾邮件的判断，对社交网络文章的情感分析预测等。

4.3.6　模型评价指标

在机器学习和概率分类问题中，混淆矩阵（Confusion matrix 或者 Error matrix）是有着特定布局的表格，它可以将算法效果进行可视化，把测试数据集中的实际结果和预测结果汇总在这个矩阵中，从而方便用户更直观深入地对模型效果进行评价。

混淆矩阵的每一行代表着预测的实际类别（可以理解为实际的结果），而每一列代表着算法所预测的类别（可以理解为算法所做的预测结果）。

下面我们以二分类问题为例来帮助大家理解混淆矩阵（见表 4.1）。

表 4.1　混淆矩阵

混淆矩阵		实际类别（Actual class）	
		正例（Positive）	负例（Negative）
预测类别（Predicted class）	正例（Positive）	真正例（True Positives，缩写为 TP）	假正例（False Positive，缩写为 FP）
	负例（Negative）	假负例（False Negative，缩写为 FN）	真负例（True Negative，缩写为 NP）

其中，正例和负例等相关意义介绍如下。

● 正例（Positive，或者正类别）：在二分类的问题中，也就是使用机器学习来预测“是”或者“不是”的问题中，实际或者预测为“是”的类别为正类别。

● 负例（Negative，或者负类别）：与上述正例相反的类别，也就是实际或者预测类别为“不是”的类别为负例。

● 真正例（True Positive）：将实际为正例的正确预测为正例的数量。

● 假正例（False Positive）：将实际为负例的错误预测为正例的数量。

● 假负例（False Negative）：将实际为正例的错误预测为负例的数量。

● 真负例（True Negative）：将实际为负例的正确预测为负例的数量。

通过下面这个例子我们来了解下混淆矩阵。我们现在需要检测是否存在信用卡欺诈的问题。

假设以下两组数据中，第一组为实际信用卡是否欺诈状况；第二组为分类器预测是否欺诈状况。如果存在欺诈状况，则用 1 表示，否则为 0，总共有 16 个数据。

实际值：1 1 1 0 0 1 0 1 0 1 0 1 1 0 0 0

预测值：0 1 1 1 0 1 1 0 0 1 1 1 0 0 0 1

因此我们可以把数值填入对应混淆矩阵中，而获得如表 4.2 所示表格。

表 4.2　混淆矩阵示例

混淆矩阵		实际类别（Actual class）	
		正例（Positive）	负例（Negative）
预测类别（Predicted class）	正例（Positive）	TP = 5	FP = 4
	负例（Negative）	FN = 3	TN = 4

在准确率以及后续的标准计算中，都将通过混淆矩阵的数值来计算得出。

由于下面的指标经常被用于信息检索中，因此将用信息检索的定义对其进行解释。

1. 准确率（Accuracy）

准确率是指检索到的相关文档除以所有被检索到的文档得到的比率，其计算公式为：

$$\text{Accuracy} = \frac{\text{TP} + \text{TN}}{\text{TP} + \text{FP} + \text{TN} + \text{FN}}$$

因此我们可以计算出这个分类器的准确率为

$$\text{Accuracy} = \frac{5+4}{16} = 0.5625$$

2. 召回率（Recall）

召回率是指检索出的相关文档数和文档库中所有的相关文档数的比率，衡量的是检索系统的查全率。在二分类问题中可以理解为，被正确预测为正例的数量和所有正例的数量（由正确预测的正例数量加上错误预测的正例数量）的比率。其计算公式为

$$\text{Recall} = \frac{\text{TP}}{\text{TP} + \text{FN}}$$

因此在上面的例子中，分类器的召回率为

$$\text{Recall} = \frac{5}{5+3} = 0.625$$

3. 精度（ Precision ）

精度是指检索出的相关文档数与检索出的文档总数的比率，用来衡量的是检索系统的查准率其计算公式为

$$\text{Precision} = \frac{\text{TP}}{\text{TP} + \text{FP}}$$

将数值带入，可以得到例子中分类器的精度为

$$\text{Precision} = \frac{5}{5+4} = 0.556$$

4. F_1 值

对于一个模型来说，时常会出现 Precision 和 Recall 中一高一低的情况，因此出现了 F_1 指标来对模型进行综合评价。其计算公式为

$$F_1 = \left(\frac{\text{Recall}^{-1} + \text{Precision}^{-1}}{2}\right)^{-1} = 2\cdot\frac{\text{Precision}\cdot\text{Recall}}{\text{Precision}+\text{Recall}}$$

那么此分类器的 F_1 值为

$$F_1 = 2 \cdot \frac{0.556 \cdot 0.625}{0.556 + 0.625} = 0.5884$$

那么从这个综合评价 F_1 的数值，我们可以发现这款信用卡是否存在欺诈行为 F_1 分类器的效果并不是很好。

4.3.7 现实中的分类问题以及 KNN 算法

在机器学习的问题中，最常见的就是分类问题。所谓的分类问题可以理解为将样本分到准确的类别中的问题。例如下列问题可以被认为是分类问题：

- 对于文本的分类（垃圾邮件过滤）。
- 信用卡欺诈检测。
- 市场细分中检测客户是否会对广告或者促销有积极的回应。
- 生物信息学或者医药行业中，检测细胞是否为癌细胞等。
- 计算机图像中，对于脸部的探测。

在分类算法中，经常被用来解决分类问题的算法有：

- 决策树（Decision Trees）。
- 支持向量机（ Support Vector Machine，SVM）。
- 神经网络（Neural Networks）。
- 最邻近算法（ K-nearest Neighbor Algorithms ）。
- 随机森林（ Random Forests）。
- 朴素贝叶斯等算法（ Naïve Bayes ）。

在这里我们将详细介绍一种最简单同时也是最容易理解的方法：最邻近算法（缩写为 KNN，后面都以 KNN 来代替最邻近算法）。

最邻近算法又称为 K 近邻算法，是一种数据挖掘和机器学习技术中最简单的方法，常被用于分类和回归的无母数统计方法 [18]。在这里“K 近邻”的意思就是在特征向量空间中选取 K 个最近的训练样本，也就是 K 个邻居来代表。简单来说其核心思想就是“少数服从多数”，在使用 KNN 分类问题中，当用户需要对一个对象进行分类，那么这个对象的类别是由其邻居的“举手表决”来决定的，也就是在 K 个邻近点中，计算它们的样本类别，类别数量最多的就被认为是该对象的类别。

而在回归问题中，需要计算一个对象的属性值，那么该属性值就是 K 个最邻近点的值的平均数值。

那么如何确定哪些位置邻近点是最接近的呢？一般情况下，在机器学习中，通常很多时候都需要将样本映射到一个向量空间中，并且对于很多任务都需要通过计算距离来表示相似性等，因此常用的距离计算方法包括：欧式距离（Euclidean Distance）、曼哈顿距离（Manhattan Distance）、编辑距离或者汉明距离（Edit Distance or Hamming Distance）、余弦相似度等。

在上述方法中，通常编辑距离或汉明距离和余弦相似度被用于计算文本相似度，被用于计算离散数据的相似度中，而欧式距离和曼哈顿距离通常用于计算连续变量。

因此在 KNN 中，通常我们会选择使用常用的欧式距离（Euclidean Distance）来找到最邻近的数据点。假设我们需要计算点 x 和 y 之间的欧式距离。两点的坐标为：

$$x=(x_1, x_2,\ldots\ldots, x_n)$$

$$y=(y_1, y_2,\ldots\ldots, y_n)$$

因此两点间距离用 $d(x, y)$ 表示，其公式为：

$$d(x,y)=\sqrt{(x_1-y_1)^2+(x_2-y_2)\ +\ldots+(x_n-y_n)}$$

$$=\sqrt{\sum_{i=1}^{n}(x_i-y_i)^2}$$

通过上述内容，我们可以计算出两点之间的距离，因此只需要计算预测对象与向量空间中各点之间的距离，就能找到相应的最近点。

以图 4.13 为例子，绿色的点为我们需要预测的对象也就是测试样本。现在已知总共有两个类别，第一类是蓝色的方块，第二类是红色的三角形。因此当 K 的数值为 3 的时候（K=3），意味着我们需要找到在绿色原点周围 3 个最邻近的数据样本，并且计算出这 3 个样本中各类别的数量。在图中可以看到用实线所圈出的范围，在这个范围中，红色的三角形有 2 个，而蓝色方块只有 1 个。因此绿色测试样本将被归类为红色三角形。而当 K=5 的时候，则可以看见最邻近范围已经被虚线所圈起来，在虚线范围内，这 5 个点的类别分布分别是：红色三角形有 2 个，蓝色方块有 3 个。因此根据少数服从多数的原则，则绿色测试样本为蓝色方块。

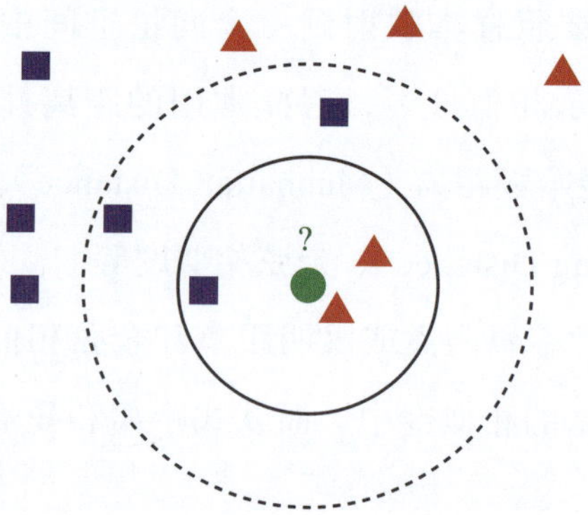

图 4.13　KNN 算法示例（来源：维基百科）

4.3.8　机器学习实例

在前面的章节中，我们介绍了机器学习的大致步骤，为了加深理解，这里将通过一个简单的案例来进行阐述，如图 4.14 所示。

图 4.14　鸢尾花

先让我们来看看维基百科中关于鸢尾花的相关介绍。鸢尾花属于鸢尾科，英文名为 Iris。Iris 源于希腊语，意思为“彩虹”，而在中文中鸢尾花又称为爱丽丝或者伊莉丝，是希腊神话中彩虹女神的名字。野生的鸢尾花主要分布在北非、高加索等地区以及西班牙、葡萄牙、黎巴嫩和以色列等国家。那么关于鸢尾花的品种，根据 Christenhusz & Byng 2016 数据显示，全球有超过 2000 个品种的鸢尾花。那么在这个案例中，我们希望能够通过一个机器学习的方法来对鸢尾花的种类进行分类。

既然需要对鸢尾花进行分类，根据机器学习的步骤，那么我们首先需要收集并且了解鸢尾花的数据。Iris 鸢尾花数据集经常被人用于理解分类算法的经典数据集。数据集中包含了三个不同种类的 Iris 鸢尾花品种的数据。那么如何获得鸢尾花的数据呢？我们可以使用以下两种较为普遍的方法：

- 通过相关专业的数据平台或者搜索引擎来获取鸢尾花数据，例如 Kaggle 等；
- 使用相关的 Python 或者其他语言的数据库 API 来获取鸢尾花数据。

在这里因为主要使用 Python 作为编辑语言，因此我们通过调取 API 的方法来获取相关的数据集。我们使用 Scikit-learn 这款机器学习工具库来获取数据（关于 Scikit-learn 会在后面进行简单介绍）。如果使用线上编译器 Jupyter Notebook，那么你可以跳过安装 Scikit-learn 工具库的步骤，反之则需要按照第 3 章节中我们提到过的安装工具库的方法对其进行安装。安装命令如下：

```
pip install -U scikit-learn
```

安装完成后，我们就可以直接在命令行中进行加载调用。由于希望调用 Scikit-learn 数据集中的鸢尾花数据集，所以我们可以通过“from …. import ….”的格式来调取鸢尾花数据，具体命令如下：

```
from sklearn.datasets import load_iris
```

需要说明的是，这里所提供的鸢尾花数据集来自于 Fisher 的论文，由 R.A. Fisher 所创建。在完成了数据收集的工作后，我们可以来分析一下搜集到的数据以及对数据进行预处理。

由于数据集已经由 sklearn 清理干净，并且该工具替我们完成了预处理的工作，因此我们可以直接使用这个数据集。我们先来看看数据集中具体包括了哪些内容，以及它是由什么成分来组成的。

这个数据集具体包括如表 4.3 所示的属性。

表 4.3　数据集包括的属性

属　性	值
种类	3
每个种类样本数量	50
数据集大小	150
维度（特征）	4

通过 sklearn 数据库中关于鸢尾花数据集的文档，我们可以知道数据集中总共包括 150 个样本，有 3 个类别，每个类别各有 50 个样本，每个样本有 4 个维度的信息。我们可以使用 sklearn 所提供的数据集函数来查询特征名称变量、种类名称等信息，如下：

load_iris（）.feature_names # 提取特征名称变量

load_iris（）.target_names # 提取类别名称变量

通过上述两行命令，我们就能获得对应的特征名称变量和类别名称（或者称为标签名称）。特征名称分别是："sepal length"（鸢尾花花萼长度）、"sepal width"（鸢尾花花萼宽度）、"petal length"（鸢尾花花瓣长度）和 "petal width"（鸢尾花花瓣宽度）。与此同时也能知道 3 种鸢尾花的种类分别是："Setosa"（山鸢尾花）、"Versicolor"（变色鸢尾花）和 "Virginica"（维吉尼亚鸢尾花）。

通过 print 函数，我们可以直接查看所获得的数据。该数据集中，总共包含两部分的数据，第一部分数据是鸢尾花的具体数据部分，这部分数据由上述 4 个特征的数据构成一个 $m \times n$ 的矩阵，数据样本数为 m，特征数为 n，因此构成为 150 行 4 列的矩阵（150×4）。另一部分数据则是鸢尾花的标签数据，这部分数据用 0，1，2 来分别代替鸢尾花的三种类别。鸢尾花特征数据如图 4.15 所示，鸢尾花标签数据如图 4.16 所示。

```
array([[5.1, 3.5, 1.4, 0.2],
       [4.9, 3. , 1.4, 0.2],
       [4.7, 3.2, 1.3, 0.2],
       [4.6, 3.1, 1.5, 0.2],
       [5. , 3.6, 1.4, 0.2],
       [5.4, 3.9, 1.7, 0.4],
       [4.6, 3.4, 1.4, 0.3],
       [5. , 3.4, 1.5, 0.2],
       [4.4, 2.9, 1.4, 0.2],
       [4.9, 3.1, 1.5, 0.1],
```

图 4.15　鸢尾花特征数据

```
array([0, 0, 0, 0, 0, 0, 0, 0, 0, 0, 0, 0, 0, 0, 0, 0, 0, 0, 0, 0, 0, 0, 0, 0,
       0, 0, 0, 0, 0, 0, 0, 0, 0, 0, 0, 0, 0, 0, 0, 0, 0, 0, 0, 0, 0, 0, 0, 0,
       0, 0, 0, 0, 0, 0, 1, 1, 1, 1, 1, 1, 1, 1, 1, 1, 1, 1, 1, 1, 1, 1, 1, 1,
       1, 1, 1, 1, 1, 1, 1, 1, 1, 1, 1, 1, 1, 1, 1, 1, 1, 1, 1, 1, 1, 1, 1, 1,
       1, 1, 1, 1, 1, 1, 1, 1, 1, 1, 1, 1, 2, 2, 2, 2, 2, 2, 2, 2, 2, 2, 2, 2,
       2, 2, 2, 2, 2, 2, 2, 2, 2, 2, 2, 2, 2, 2, 2, 2, 2, 2, 2, 2, 2, 2, 2, 2,
       2, 2, 2, 2, 2, 2, 2, 2, 2, 2, 2, 2, 2, 2, 2, 2, 2, 2])
```

图 4.16　鸢尾花标签数据

为了在后续的模型评价步骤中，能对我们所训练的模型的表现进行评估，因此在这里将数据集打散后，从数据集中随机抽取 80% 的数据作为训练数据集，剩下的 20% 的数据则作为测试数据集。

具体代码如下：

```
import numpy as np
np.random.seed（0）
X = load_iris（）.data # 获取具体数据内容
Y = load_iris（）.target # 获取标签内容
indices = np.random.permutation（len（X））# 打乱数据集中的样本序号顺序
iris_X_train = X[indices[:-30]] # 根据打乱的样本序号，抽取出 120 个作为训练数据
iris_y_train = Y[indices[:-30]] # 抽取出上面 120 个训练数据相对应的数据标签
iris_X_test = X[indices[-30:]]
iris_y_test = Y[indices[-30:]]
```

由于第二步骤（分析数据和对数据进行预处理）已经由 sklearn 替我们完成，接下来直接进入第三步骤，也就是模型训练。在这个步骤中，我们可以使用不同的机器学习的方法来对鸢尾花数据进行学习。在这里我们将使用之前提到过的 KNN 算法来对鸢尾花进行分类［或者也可以使用支持向量机（SVM）以及逻辑回归等算法来进行训练，具体的关于支持向量机和逻辑回归的原理这里不做介绍，有兴趣的同学可以查询相关资料学习］。

sklearn 已经为我们提供了相关的 KNN、SVM 等机器学习算法，因此我们只需要直接对其进行调用并且传入相关的训练数据集即可，具体代码如下：

```
from sklearn.neighbors import KNeighborsClassifier # 加载 KNN 算法
```

knn = KNeighborsClassifier ( )

knn.fit (iris_X_train, iris_y_train) # 传入相关的数据以及标签并且进行训练

由于我们所使用的数据集较小，因此很快就能训练完成。随后我们进行下一步骤，即使用我们的训练完成的模型进行预测和模型评价。

使用下面的命令可以使用训练完成的模型来对我们的测试数据进行简单的预测：

knn.predict (iris_X_test) # 使用测试数据集来进行预测

随后我们就可以得到如下的预测结果：

```
array([0, 2, 0, 0, 2, 0, 2, 1, 1, 1, 2, 2, 2, 1, 0, 1, 2, 2, 0, 1, 1, 2,
       1, 0, 0, 0, 2, 1, 2, 0])
```

比较我们的测试数据标签：

```
array([0, 2, 0, 0, 2, 0, 2, 1, 1, 1, 2, 2, 1, 1, 0, 1, 2, 2, 0, 1, 1, 1,
       1, 0, 0, 0, 2, 1, 2, 0])
```

我们可以发现大部分的预测结果都是一致的，但是我们仍然需要完整地评估结果，因此可以使用 sklearn 所提供的（metrics.classification_report）分类报告函数来对模型进行评估。

具体代码如下：

from sklearn import metrics # 加载导入 sklearn 评价指标模块

predict_iris_y = knn.predict (iris_X_test) # 将预测结果赋给 predict_iris_y 变量

report = metrics.classification_report (iris_y_test,predict_iris_y) # 使用 classification_report 函数生成具体评价报告

print (report) # 打印评价结果

随后我们可以获得如图 4.17 所示的结果。

```
             precision    recall  f1-score   support

          0       1.00      1.00      1.00        10
          1       1.00      0.82      0.90        11
          2       0.82      1.00      0.90         9

avg / total       0.95      0.93      0.93        30
```

图 4.17　分类器性能评价结果

通过上面的评价结果我们可以了解到所训练的模型对于0所代表的“Setosa”（山鸢尾花）有比较优秀的分类能力，而剩下的两种则能力稍弱，但结果也十分不错。

上述就是如何使用KNN来对真实数据进行学习和应用的案例，至于模型的优化不在这部分中进行介绍。

下面是完整代码：

```
import numpy as np
from sklearn.datasets import load_iris
from sklearn import metrics
from sklearn.neighbors import KNeighborsClassifier

np.random.seed（0）
X = load_iris（）.data # 获得具体数据
Y = load_iris（）.target # 获得数据标签
indices = np.random.permutation（len（X））# 打乱数据序列

# 切分数据为训练数据集和测试数据集
iris_X_train = X[indices[:-30]]
iris_y_train = Y[indices[:-30]]
iris_X_test = X[indices[-30:]]
iris_y_test = Y[indices[-30:]]

# 训练KNN算法
knn = KNeighborsClassifier（）
knn.fit（iris_X_train, iris_y_train）

# 对训练好的数据进行评估
predict_iris_y = knn.predict（iris_X_test）
report = metrics.classification_report（iris_y_test,predict_iris_y）
print（report）
```

4.4 神经网络和深度学习

4.4.1 神经网络

人工神经网络（Artificial Neural Network，ANN），简称为神经网络。神经网络属于机器学习和认知科学交叉研究领域，通过模仿生物神经网络或者动物中枢神经网络的结构或者功能来建立相应的计算模型或者数学模型，从而让机器学习程序具备学习能力。神经网络由基本神经元组成，可以分为单层神经网络和多层神经网络，目前也有说法是将它进一步划分为深层神经网络。目前神经网络被运用在很多产品中，包括各个人工智能平台、手机功能等。

1. 从真实大脑神经元到人工神经网络

在了解人工神经网络之前，我们先通过一个例子来了解大脑神经元以及神经网络。在 2004 年，美国佛罗里达大学的 Thomas DeMarse 教授（见图 4.18）所领导的实验小组通过利用 2.5 万个老鼠的脑神经细胞创建了一个神经网络并且对其进行训练。

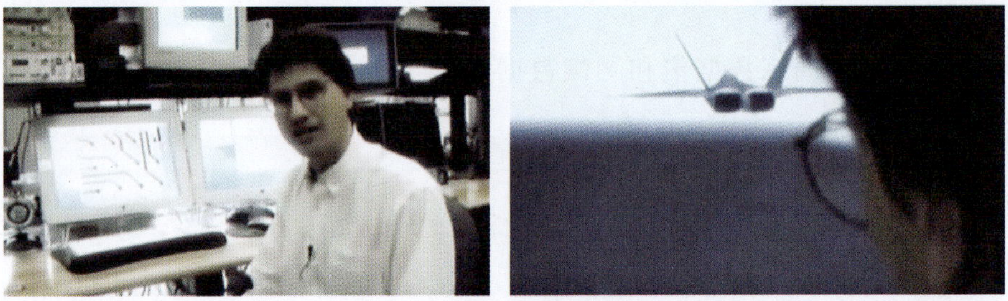

图 4.18　Thomas DeMarse（来源：Youtube.com）

为了训练这个神经网络使其能够控制模拟飞机，神经网络的细胞首先会从计算机接受有关飞行条件的信息，例如飞机是水平飞行还是倾斜飞行，在经过老鼠神经元的神经网络分析并且计算数据后将响应信号传回给控制器，从而达到操控模拟飞机的目的，随后新的飞行状况信息又回传到这个神经网络，从而形成一个反馈系统。最终这个由老鼠大脑神经元组成的神经网络在经过训练后，能够控制模拟飞行器在多种天气状况下持续平稳飞行。这项研究表明了在对生物神经模型进行训练后，它们可以掌握模式识别等能力[19]。

而人工神经网络正是受到了生物神经网络的启发，有众多的认知科学、生物科学和机器学习科学家希望能透过生物神经网络从而创建出具有更高处理数据以及学习能力的人工智能方法。例如人类通常可以在极短的时间内做出复杂度惊人的决策，并且人类大脑更擅长处理视觉图像等任务。因此，人工神经网络作为一种受到生物大脑启发的新的学习算法，对处理很多机器学习问题是非常有效的。在这里我们将简单地对生物大脑工作原理等进行介绍，虽然人工神经网络是受到生物神经网络的启发，但并非完全模拟生物大脑进行工作。有兴趣的读者可以阅读相关的例如卷积神经网络（CNN）与人类视觉系统的关系的材料和论文。

在上述的实验中说明复杂的并行神经网络可以处理十分复杂的任务。因此在了解人工神经网络之前，我们先来了解一下生物神经元。神经元结构如图 4.19 所示。

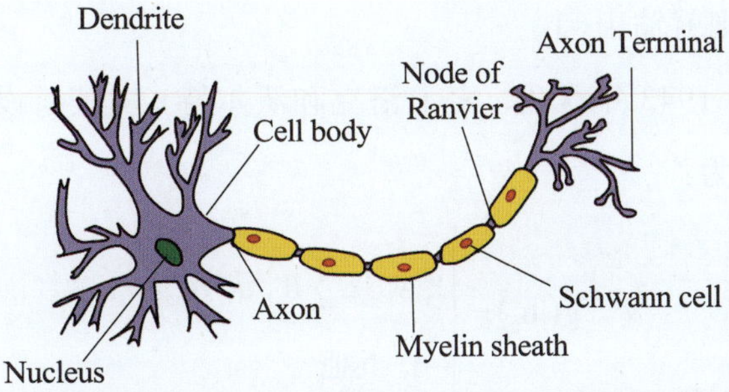

图 4.19 神经元结构（来源：https://simple.wikipedia.org/wiki/Neuron）

神经元是神经系统结构和功能的基本单位。一般神经元是由一个细胞体（Cell body）和轴突（ Axon ）等组成的。其中在图 4.19 的左侧呈现树枝状的部分，也就是树突（Dendrite tree）部分负责从其他的神经元接受信息并将所接受到的信息传导至细胞体。而轴突则负责将信号由胞体通过在轴突末梢（Axon Terminal）的突触（Synapses）部分传导，随后信号通过神经递质穿过突触传导给另外一个轴突。突触在信号的传递中起着非常重要的作用，当刺激信号传递到突触的时候，突触小泡会将神经递质释放到突触间隙，通过与突触后膜上的相应蛋白质受体结合以及一系列的状态改变后，从而使突触后膜发生兴奋性或者抑制性的变化。因此突触部分是学习的关键，并且兴奋性和抑制性的信号整合会对突触后神经元的刺激信号产生影响。

2. 感知器（Perceptron）

1943 年，Warren McCulloch（沃伦 · 麦卡洛克）和 Walter Pitts（沃尔特 · 皮

茨）首次提出了人工神经网络的概念，并且在数学的基础上对神经元进行了数学建模。其中，许多的想法被沿用至今，例如阈值的想法（因为只有当刺激超过最小阈值时，才会被激发）。

1949 年，心理学家唐纳德赫布在“*The Organization of Behavior*”这篇论文中提出了神经元的学习法则。

1957 年，就职于康奈尔行功实验室的 Frank Rosenblatt 在前两者的基础上，发明了感知器，并且成功地在 IBM 704 机上完成了感知器的仿真。

感知器使用了一组特征向量来作为输入，并把输入向量 x 映射到输出值 $f(x)$ 上。换句话说也就是计算这些输入值的线性组合，当线性组合超过某个阈值的时候，就输出 1，否则就输出 -1。

图 4.20 显示了 1943 年沃伦 · 麦卡洛克和沃尔特 · 皮茨所设计的神经元的数学模型，此数学描述为：

$$a_i = \mathrm{g}(\mathrm{in}_i) = \begin{cases} 1, \text{ 如果 } \sum_{j=0}^{n} W_{ji} a_j - W_0 > 0 \\ -1, \text{ 其他} \end{cases}$$

其中 a_i 是单元的输出，$a_i = g\left(\sum_{j=0}^{n} W_{ji} a_j\right)$，$W_{ji}$ 是从单元 j 到该单元 i 上各个输入分量的权重（Weight），它用来决定输入对感知器输出的贡献率。需要注意的是，在上述内容中我们提到过只有当神经元的刺激超过阈值的时候，才会激活。因此在这里，也有同样的阈值，在权重中通常会被作为阈值。如果需要感知器输出数值为 1，则 $W_1a_1 + W_2a_2 + W_3a_3 + \ldots + W_ja_j - W_0 > 0$。

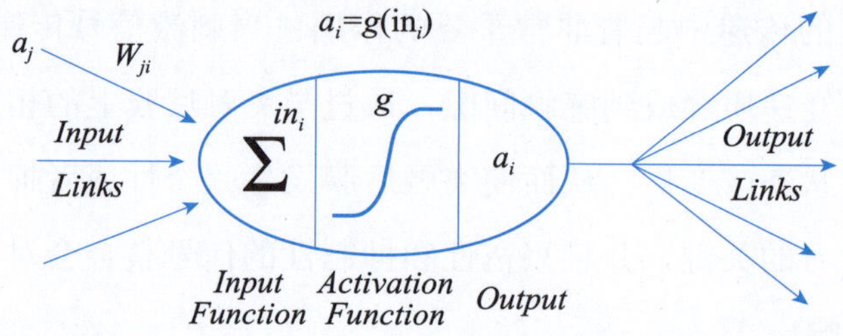

图 4.20　感知器数学模型（来源：https://www.simplilearn.com/what-is-perceptron-tutorial）

在上述数学描述的基础上，我们可以将感知器看成一个 n 维空间中的超平面决策面，因此在决策面一侧的输出值为 1，而与其法向量相反的输入空间输出值则为 -1。

在感知器中，对于输入特征向量计算加权和后，会在该和的基础上添加一个激活函数，也就是图中的 g 函数。而通常一个单元的激活函数定义了该单元在相应输入和输出的集合下的输出值。因此在这里有三种激活函数可以被使用：Step 激活函数、Sign 激活函数、Sigmoid 激活函数，如图 4.21 所示。

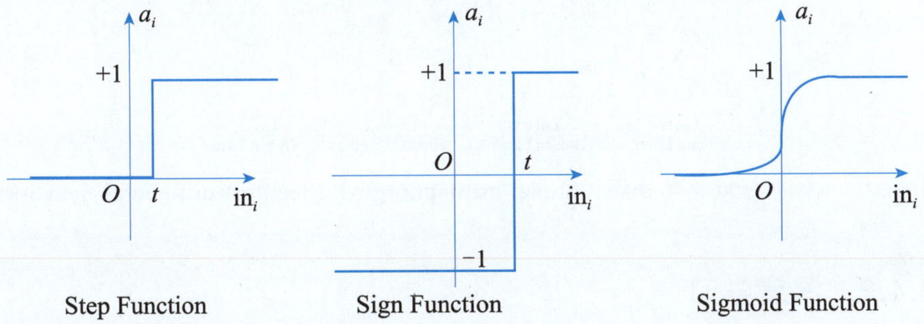

图 4.21　激活函数（来源：https://www.simplilearn.com/what-is-perceptron-tutorial）

- Step 激活函数，其公式为：

$$\text{Step}(x)=\begin{cases}1 & x\geqslant t\\ 0 & x<t\end{cases}\quad \text{阈值}(\text{Threshold})=t$$

- Sign 激活函数，其公式为：

$$\text{Sign}(x)=\begin{cases}1 & x\geqslant t\\ -1 & x<t\end{cases}$$

- Sigmoid 激活函数，其公式为：

$$\text{Sigmoid}(x)=\frac{1}{1+\mathrm{e}^{-x}}$$

在之前的老鼠神经网络控制模拟飞机的实验中，我们可以得知神经网络具有模式识别的能力。既然我们已经了解了单个感知器的能力，而且早期人们也提出了将感知器连接并且形成神经网络的假设，于是便出现了一种最简单的神经网络：感知器网络。它主要用于模式识别。感知器网络是最简单的前馈神经网络，可以分为两种：第一种是单层感知器神经网络；第二种则是多层感知器神经网络。在前馈神经网络（Feedforward Neural Network）中，各神经单元按照不同层进行排列，每个神经单元都只和前一层神经单元相互连接，获得上一层的输出值，从而作为该层的输入值，并且最后将该层各神经单元计算结果输出传递给下一层。感知器神经网络就属于最常见的前馈神经网络。图 4.22 所示为前馈神经网络。

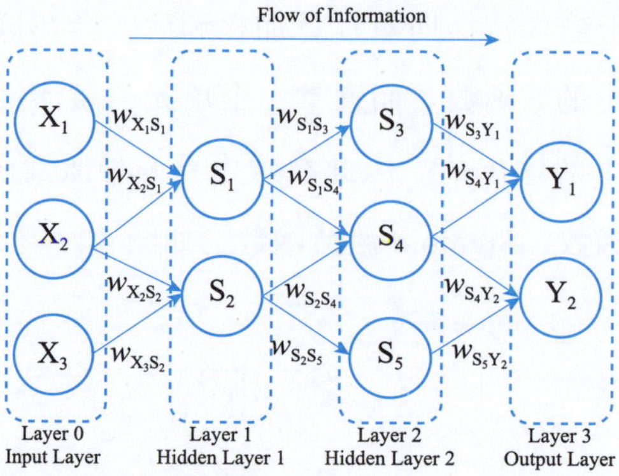

图 4.22　前馈神经网络（来源：https://brilliant.org/wiki/feedforward-neural-networks/）

4.4.2　深度学习

2017 年 3 月，Google 旗下的 Deep mind 举办了一场令世人关注的人机对抗比赛，即由 AlphaGo 对抗韩国围棋选手，最终比赛结果以 AlphaGo 获胜而终结。在随后的时间里，AlphaGo 凭借着强大的能力战胜了一系列的选手，并且成功获得了职业围棋九段的称号。其中 AlphaGo 的研发团队主要将深度神经网络与蒙特卡罗树搜索算法[①]相结合，从而造就了如此强大的人工智能。由此可见，深度神经网络或者深度学习在机器学习领域对相关的任务有着较强的解决能力。

1. 什么是深度学习

首先，深度学习是机器学习的分支，作为一种基于对数据进行表征学习的算法，深度学习通常采用的模型较之机器学习来说更为复杂。在原始输入层到输出层之间，数据通常会经过多个有多重非线性或线性变换构成的处理层，从而达到对数据进行抽象。大多数的机器学习方法有着不错的表现，很多时候其表现都取决于有着专业知识的工程师或者相关领域的专家对于输入特征和表示方法的设计。

---

① 蒙特卡罗树搜索算法：也称为随机模拟算法，或随机抽样技术或统计试验方法。蒙特卡罗（Monte-Carlo）有罗树搜索方法的基本思想是，为了求解数学、物理、工程技术及生产管理等方面的问题，首先建立一个概率模型或随机过程，使它的参数等于问题的解，然后通过对模型或过程的观察或抽样试验来计算所求参数的统计特征，最后给出所求解的近似值。

例如，在文本语料库中，对句子的各个成分的分析就包括主题识别等特征提取。所以机器学习在实际工作中大部分的时间都会消耗在数据集的处理上。首先，人工提取特征和数据预处理的问题，在实际的工作中，相关工程师或者数据科学家经常会遇到需要去清理一大堆的数据，因为任何细小的无效数据都会导致长期等待的模型训练功亏一篑，所以请记住要随时存储你训练好的数据。其次，对于特征的选择上，在工业界，很多的项目具有极强的专业性，而特征选择则会直接影响产品最终的表现，所以通常在一个人工智能项目中可能会存在行业专家来帮助开发团队对特征进行选取。另一小部分时间才是模型训练、权重优化的部分。而深度学习则希望能够直接从数据中学习到数据的特征以及模式，从而避免烦琐的人工选取和处理特征工作。

举个简单的例子来了解深度学习或者深层神经网络。在目前最新的 iPhone XR 手机上搭载的人像动画表情和拟我表情功能一定让很多人觉得非常新奇。通过手机的前置摄像头，用户的脸部表情和活动能够被捕捉，并且转变为动画表情，同时动画表情头像将会被准确地安放在图像中正确的位置，如图 4.23 所示。

图 4.23 动画头像

（来源：https://www.apple.com/cn/newsroom/2018/09/apple-introduces-iphone-xr/）

那么这样的一个功能是如何实现的呢？或者说手机是如何准确地识别你的头像的呢？而且为什么它不会将你的衣服或者其他的物品错误地认为是你的脸呢？在这里就会运用到脸部探测和识别的技术。

如图 4.24 所示，深度神经网络则会这样去处理：第一步识别像素的明暗；第二步将在像素识别的基础上去学习简单的边界和形状；第三步则在基于前两步的基础上，更进一步地去识别复杂的形状和目标，例如眼睛和耳朵等；最后将前面识别学到的眼睛和耳朵等目标组合在一起形成一个较为高层的人脸结构。这种分层模型能够有效表达每一层的数据。

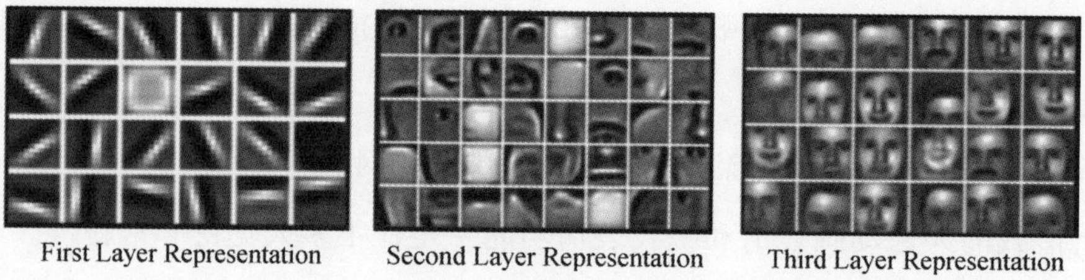

图 4.24　深度神经网络

（来源：https://medium.com/nodeflux/the-evolution-of-computer-vision-techniques-on-face-detection-part-2-4af3b22df7c2）

在之前的神经网络的阐述中可以看到，早在 1943 年人们就已经提出了神经网络相应的数学模型。1957 年，感知器的创造引领了第一次的神经网络的研究热潮。1986 年 Back propagation（反向传播算法）的应用引发了第二次神经网络研究的浪潮。但由于神经网络的复杂程度与计算复杂性成指数倍增长的关系，在当时有两个主要的因素阻碍了神经网络的发展。首先是缺乏足够的数据，在当时并没有物联网和社交媒体的兴起，因此数据的缺乏导致最本质的学习基石存在缺失。其次是计算能力的欠缺和不足，大规模的神经网络需要非常庞大的计算量，而当时的计算条件远远无法满足。

而如今深度学习又重新引领了一次新的研究浪潮。通过一系列深度学习在相关领域的成功，例如自然语言处理和 ImageNet 比赛等，深度学习迅速地进入到了业界的视野中，并且成为最火热的焦点。而阻碍神经网络发展的两个问题也已经被解决。首先是数据的规模。随着移动互联的火热，物联网和社群媒体的广泛应用，它们为深度学习提供了大量的训练数据。例如在计算机图像领域，有专业的图像数据库 ImageNet；在自然语言处理领域，则有维基百科（见图 4.25）为语言处理或者机器翻译提供庞大的语料库。

图 4.25　维基百科和 ImageNet

而对于计算能力的问题，分布式计算、云计算及 GPU 加速计算等技术都为该问题提供了切实可行的解决方案。

2. 机器学习和深度学习相关工具

在深度学习火热的背景下，很多非常好用的机器学习工具和深度学习框架及工具被开发出来。同时大量的机器学习平台也提供了完善的深度学习产品，从而方便开发团队将平台服务应用到自己的产品中。下面我们来介绍一下相关的机器学习以及深度学习的工具和框架。

目前人工智能所使用的大部分技术都有相关的工具框架或者工具包可以在网上被找到。几乎所有相关的框架和工具包都是开源免费的，因此用户可以自行下载到本地，并且在本地进行实验和运行。

在深度学习中，由于模型复杂度较高，从而导致计算量也很大，通常的解决办法是使用 GPU 加速运算来帮助完成训练，因此工具需要能够支持 GPU 和 CPU 的互相切换。目前来说，Tensorflow 和 Theano 都支持 GPU 加速计算。在支持 GPU 加速计算的同时，用户也希望不仅可以使用 Python 作为开发语言中相应的框架来开发相关的深度学习产品，同时深度学习库或者框架服务也可以能够使用 Java 等其他的开发语言。在这里总结一下，目前在机器学习和深度学习领域中经常用到的一些库和框架等。

1）Scikit-learn

Scikit-learn 是一款面向 Python 开发语言的免费机器学习工具库。它囊括了支持向量机、随机森林、k-means 在内的多种分类、回归以及聚类等算法。其本身能够与 Numpy 和 Scipy 具有很好的交互操作性，因此无论是处理多维数组或者在进行科学计算等方面都能方便和高效地对数据进行处理和分析。

官方地址为：https://scikit-learn.org/stable/。

2）MLlib

MLlib 是 Spark 下的一款机器学习库，或者也被认为是 Spark 上的分散式机器学习框架。MLlib 提供了很多常见的机器学习和统计学方面的算法。由于 Spark 分散式的内存计算模式比 Hadoop 更有优势，因此可以更好地帮助用户完成机器学习的相关任务。

官方地址为：https://spark.apache.org/mllib/。

3）Tensorflow

作为 Google 公司开发的深度学习框架，它不仅仅支持 Python 开发语言，也同样提供了 C++、Java、Go 等语言的 API，因此更具有良好的通用能力。同时其本身也支持在 CPU 和 GPU 间进行切换。作为一款优秀的深度学习框架，整体模型算法的可视化对研发人员来说也是相当重要的，而 Tensorflow 所提供的可视化工具 Tensorboard 则让人眼前一亮，无论是其本身的神经网络结构图或者是训练数据的记录，甚至是词语嵌入的可视化功能 Embedding projector，它都能将相关数据需求很好地显示给用户。

官方地址为：https://www.tensorflow.org/。

4）Caffe

Caffe 最早是由加州大学伯克利分校所开发的一款深度学习框架，大部分内核是由 C++ 进行编写的，并且提供 Python 接口，从而方便用户对其进行拓展。Caffe 的全称为 Convolutional Architecture for Fast Feature Embedding。Caffe 由于在读取图像方面有着出色的表现，因此经常认为它更适合用于图像处理上。同样的，Caffe 也支持基于 GPU 和 CPU 的加速计算的内核库。

官方地址为：http://caffe.berkeleyvision.org/。

5）Theano

Theano 作为一款 Python 工具包，擅长处理数学表达式，特别是对于矩阵值的表达式，因此也可以认为它是一款数学表达式的优化编译器，该工具包可以将你所定义的数学表达式在 GPU 或者 CPU 上进行编译运行。

官方地址为：http://deeplearning.net/software/theano/。

6）Pytorch

Pytorch 是一款基于 Torch 的机器学习库，经常被用于自然语言处理等机器学习程序中。它是由 Facebook 人工智能研究小组负责开发的。其在完成对张量的计算过程中有较强的 GPU 加速性能。

官方地址为：https://pytorch.org/。

7）Keras

Keras 是一款基于 Theano 和 Tensorflow 所构建的深度学习库，作为一个高层神经网络 API，经常被学术界所使用，以达到快速实验的目的。它本身具有简易和快速的原型设计。它不仅仅支持 CPU 和 GPU 的切换，同时也支持后端 Theano 和 Tensorflow 的切换。

官方地址为：https://keras.io/。

8）Deeplearning4j

Deeplearning4j 是一款用 Java 编写的深度学习库，可以支持各种深度学习算法，例如深度置信网络、受限玻尔兹曼机、Word2vec 等。目前它也是在工业界使用较为广泛的深度学习库之一。

官方地址为：https://deeplearning4j.org/。

4.5 大数据可视化工具

当我们在处理大数据的时候，很多问题无法通过具体的数据值来建立直观的感受。简单来说，当你面对一篇 1000 多字的报告时，你会更喜欢看图像还是看纯文字？因此数据可视化作为数据与人沟通的一种最快捷的方式，一直被人们所重视。从字面意思上来说，数据可视化就是直接把信息映射为可见图形的过程[20]。

目前在各种产品服务中，数据可视化都是一种非常有效的展现数据的手段和方法，从而让用户能够更直接地了解到数据内容。例如，在百度地图中，当用户希望通过百度地图搜索前往某个地点的时候，百度地图会将当前的实时路况通过不同的色彩将道路状况实时显示在地图上，如图 4.26 所示。

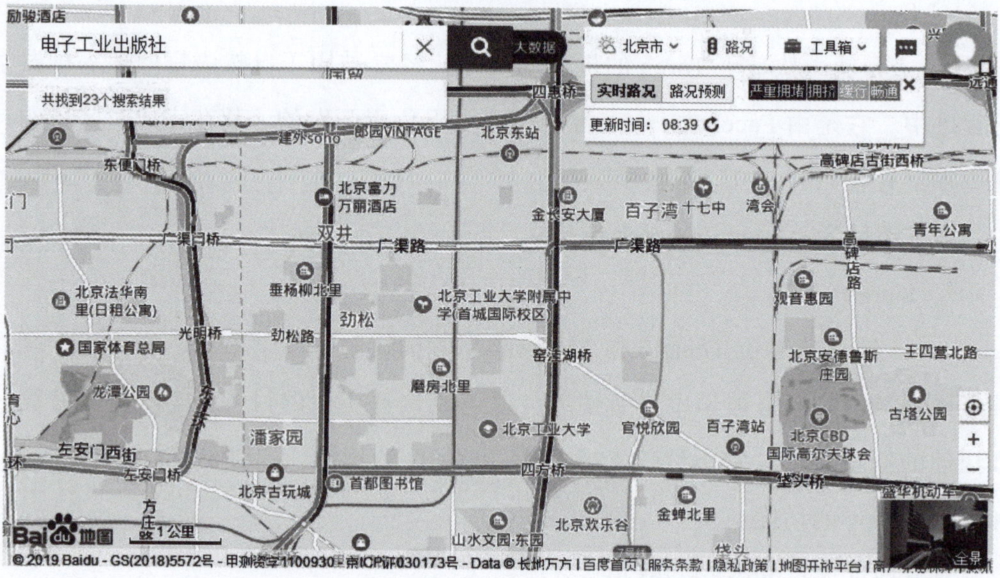

图 4.26　百度交通状况地图（来源：百度地图搜索）

而在日常工作中，数据的可视化也能够为决策层提供相应的决策支持。同样的情况也发生在机器学习过程中，例如当我们需要衡量机器学习分类任务的性能时，研发人员可以通过绘制 ROC 曲线（Receiver Operating Characteristic Curve，也就是接受者操作特征曲线）来反映模型的敏感性和特异性连续变量。

接下来我们介绍几款经常会被使用到的可视化工具。

4.5.1　Matplotlib

Matplotlib 是 Python 语言中应用最多的免费绘图工具库，其功能和 MATLAB 绘图较为相似。Matplotlib 可以帮助用户创建多种数据类型的图表，例如条形图、饼图、3D 图像等。通过下面的几个简短的代码实例，我们将会看到如何使用 Matplotlib 在 Python 中创建散点图、曲线图以及 3D 图像。

1. 散点图

输入如下代码：

1）# -*- coding: utf-8 -*-

2）import matplotlib.pyplot as plt

3）from numpy.random import rand

4）a = rand（100）

5）b = rand（100）

6）plt.scatter（a，b）

7）plt.show（）

以上代码可以生成如图 4.27 所示的 Python 散点图。

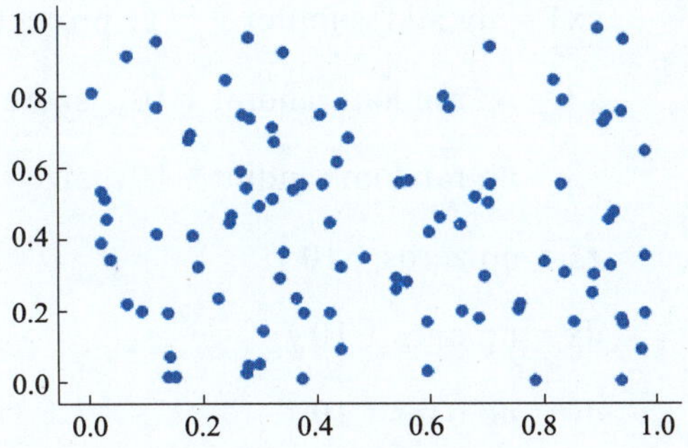

图 4.27　Python 散点图

2. 曲线图

输入如下代码：

1）# -*- coding: utf-8 -*-

2）import matplotlib.pyplot as plt

3）import numpy as np

4）a = np.linspace（0，10，100）

5）b = np.exp（-a）

6）plt.plot（a，b）

7）plt.show（）

以上代码可以生成如图 4.28 所示的 Python 曲线图。

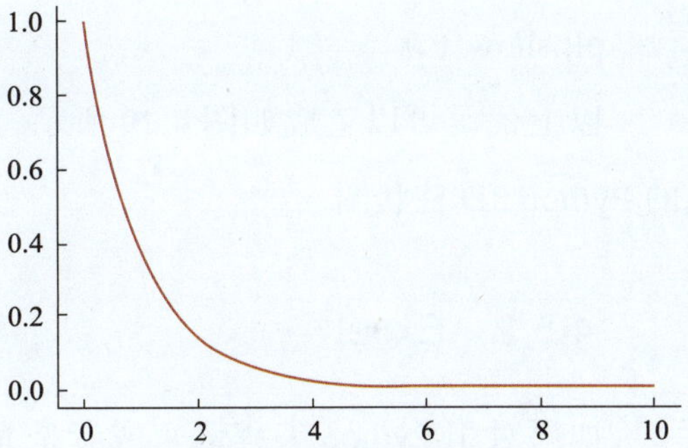

图 4.28　Python 曲线图

3. 3D 柱状图

输入如下代码：

```
# -*- coding: utf-8 -*-
from mpl_toolkits.mplot3d import
axes3d
import matplotlib.pyplot as plt
import numpy as np
from matplotlib import style
style.use（‘ggplot’）
```

```
fig = plt.figure ( )
ax1 = fig.add_subplot ( 111, projection=' 3d' )
x3 = np.random.randint ( 10, size=10 )
y3 = np.random.randint ( 10, size=10 )
z3 = np.zeros ( 10 )
dx = np.ones ( 10 )
dy = np.ones ( 10 )
dz = np.random.randint ( 10, size=10 )
ax1.bar3d ( x3, y3, z3, dx, dy, dz )
ax1.set_xlabel ( 'x axis' )
ax1.set_ylabel ( 'y axis' )
ax1.set_zlabel ( 'z axis' )
plt.show ( )
```

以上代码可以生成如图 4.29 所示的 Python 3D 柱状图。

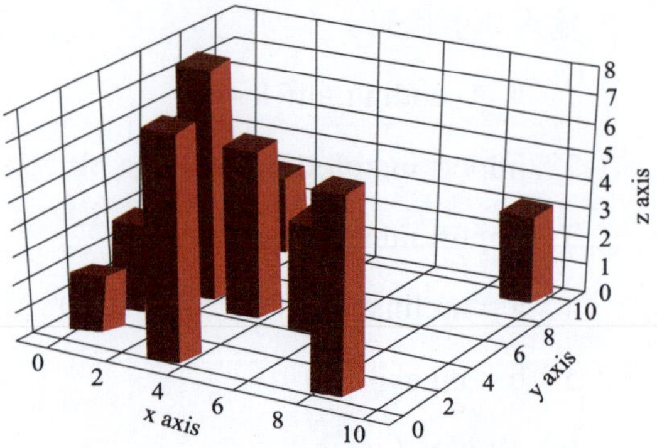

图 4.29 Python 3D 柱状图

4.5.2 Excel

如果对于 Python 编程语言或者是 MATLAB 的可视化工具包不熟悉的话，使用 Excel 对数据进行可视化也是一个不错的选择。

数据可视化指利用图形或图表，展示出数据中包含的信息或者规律，通过技术手段，使枯燥死板的数据，变得直观生动[21]。数据可视化的工具有很多，Excel 是最常见的、最实用的数据可视化工具之一。

在 Excel 中，可以绘制的图表类型有很多，包括：柱形图、折线图、饼图、条形图、面积图、XY（散点图）、股价图、曲面图、圆环图、气泡图和雷达图等，如图 4.30 所示。

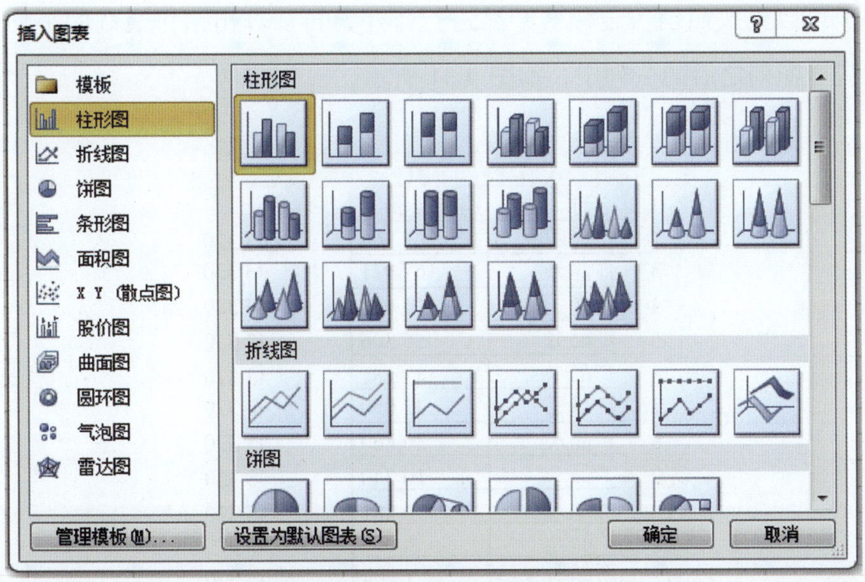

图 4.30 Excel 基本图表类型

在这些基本图表类型的基础上，经过设计和制作，我们可以绘制出更多扩展类型的图表，以适应不同数据分析和展示的需要。

1. 平均值对比图

平均值对比图是指在平常的图表中，再增加一条平均线，可以使图表中的数据与平均值进行直观地比较，让用户判断哪些数据超过平均值、哪些数据未到平均值，这样就非常方便用户进行对比分析。

例如，要为某企业各产品本月份销售情况制作图表，数据如表 4.4 所示。

表 4.4 某企业本月产品销售情况

名称	销售金额
产品一	10 240
产品二	64 000
产品三	32 050
产品三	6 002
产品四	165 804
产品五	1 204
产品六	67 921
产品七	55 306
产品八	20 860
产品九	9 881
产品十	43 251

（1）可以先按照销售金额对产品进行排序，再计算出销售金额的平均值，填写在销售金额列之后的一列中，如图 4.31 所示。

	A	B	C
1	名称	销售金额	平均值
2	产品四	165 804	43 320
3	产品六	67 921	43 320
4	产品二	64 000	43 320
5	产品七	55 306	43 320
6	产品十	43 251	43 320
7	产品三	32 050	43 320
8	产品八	20 860	43 320
9	产品一	10 240	43 320
10	产品九	9 881	43 320
11	产品三	6 002	43 320
12	产品五	1 204	43 320

图 4.31　预处理后的数据

（2）选择 A1：C12 单元格区域，再执行“插入”选项卡→“图表”功能区→“柱形图”命令，如图 4.32 所示。

图 4.32　“柱形图”命令

选择“柱形图”中的子图表类型“二维柱形图”下的“簇状柱形图”，将生成一幅基本的双柱形图。

（3）鼠标指针指向“平均值”系列中任一柱形，单击鼠标右键，在弹出的快捷菜单中选择“更改系列图表类型”，如图 4.33 所示。

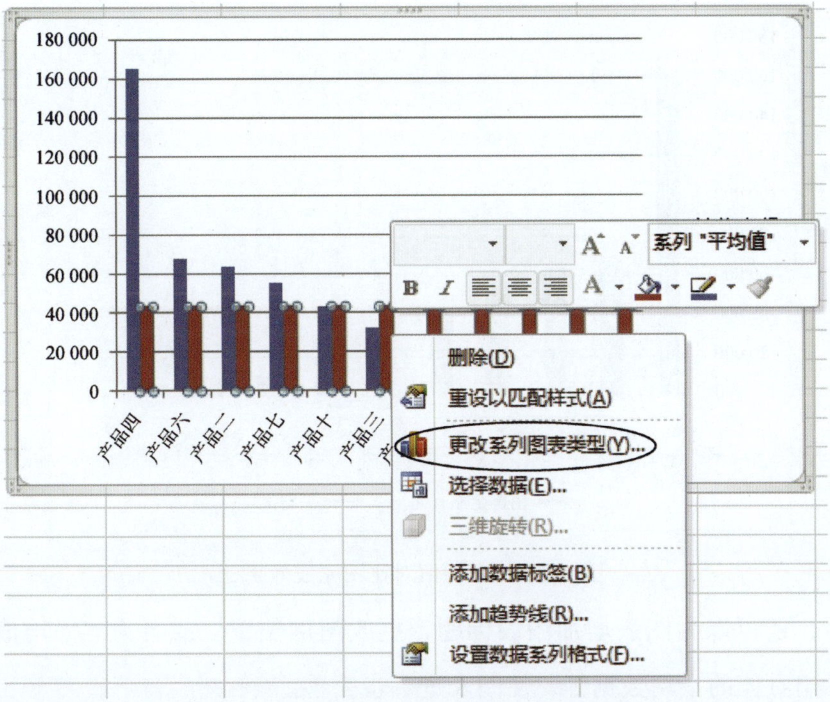

图 4.33　更改“平均值”系列的图表类型

在弹出的“更改图表类型”对话框（见图 4.34）中，选择“折线图”中的第一种子类型“折线图”，再单击“确定”按钮，将“平均值”系列柱形更改为折线，即为一条平均线。完成效果如图 4.35 所示。

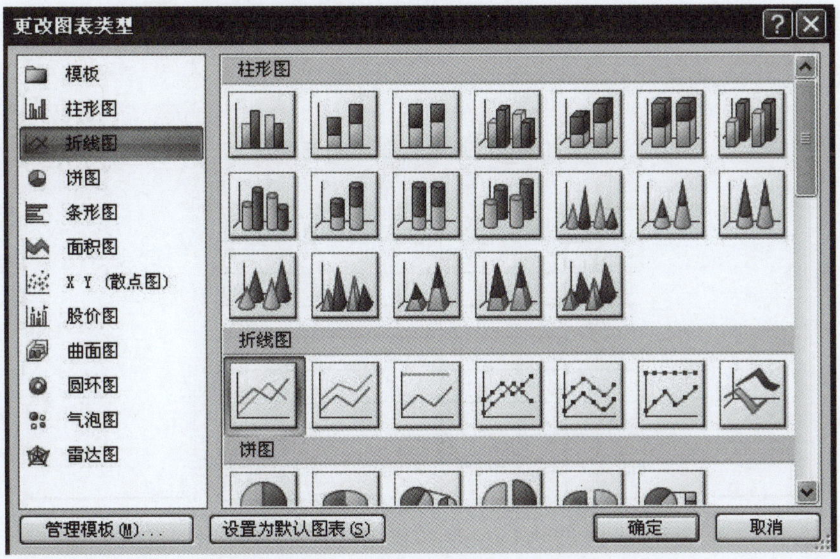

图 4.34　“更改图表类型”对话框

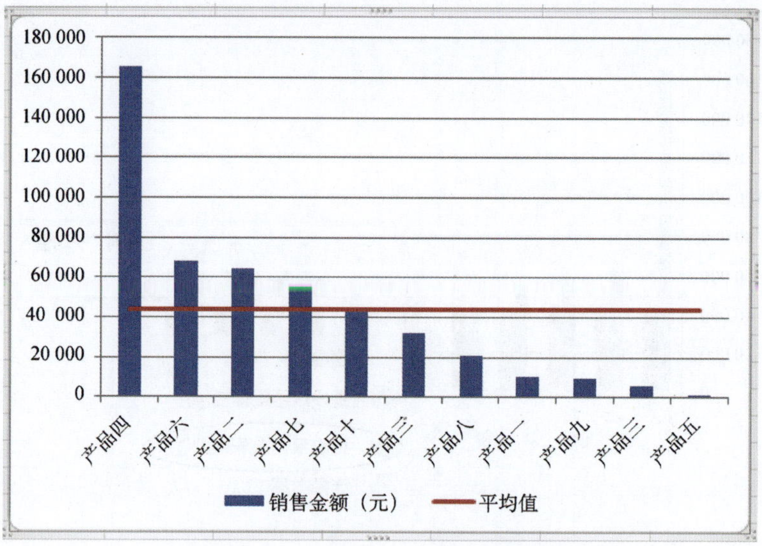

图 4.35　平均值对比图完成效果

最后，还可以为图表增加图表标题、更改图例位置，或者为“平均值”插入标注标示出具体的平均数据等，使图表进一步完善。

2. 双坐标图

双坐标图是指在绘制图表时，需要比较两个单位不同的数值系列，用常规的 *X-Y* 坐标轴图无法同时显示这两种单位不同、数值相差较大的数据，此时就可以为图表增加一个纵坐标轴，从而更好地展示第二个数据系列。

例如，某公司要为该月份前台工作人员的销售情况绘制图表，具体数据如表 4.5 所示。

表 4.5　本月前台职员销售情况

姓名	销售单数	销售金额（百万元）
王山	3	600
李小	1	500
张川	4	700
赵幸	2	400
王成	3	500
林会	5	1 000
陈东	3	800
李进	2	1 500

（1）选中含有全部数据的 A1：C9 单元格区域，执行“插入”选项卡→“图表”功能区→“柱形图”命令，如图 4.32 所示，选择“柱形图”中的子图表类型

“二维柱形图”下的“簇状柱形图”，即生成一幅基本的柱形图。

但由于“销售单数”和“销售金额”两列数据数值相差过大，在图形中几乎无法看到“销售单数”这一系列。

（2）用鼠标右键单击“销售单数”这一系列中的任一数据点，在弹出的快捷菜单（如图 4.36 所示）中选择“设置数据系列格式”命令，将弹出如图 4.37 所示的“设置数据系列格式”对话框。

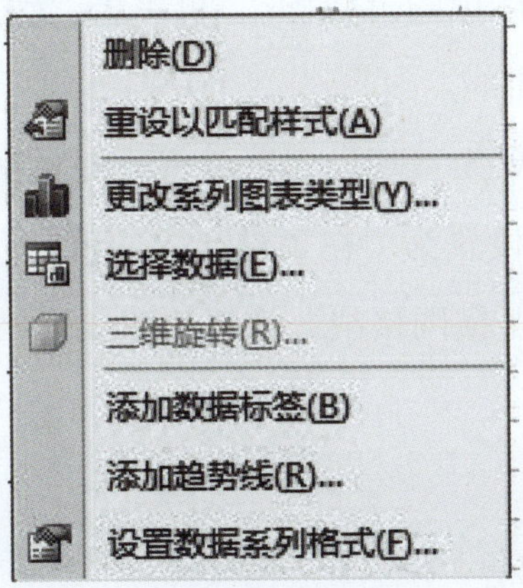

图 4.36 “设置数据系列格式”命令

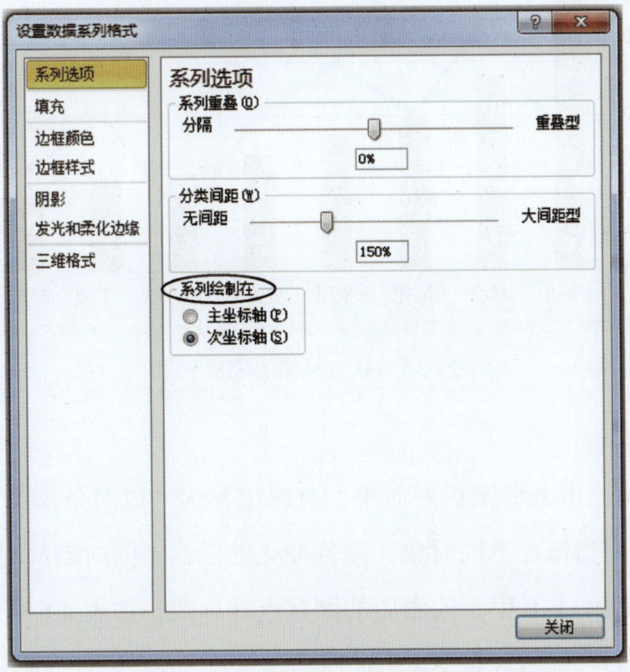

图 4.37 “设置数据系列格式”对话框

在“系列选项”栏目中，将“系列绘制在”下的单选按钮中选中“次坐标轴”，再单击“关闭”按钮。

（3）此时，“销售单数”和“销售金额”两个系列的柱形将重叠在一起。利用鼠标右键单击“销售单数”系列任一数据点，在弹出的快捷菜单中选择“更改系列图表类型”，如图 4.36 所示。

在弹出的“更改图表类型”对话框（如图 4.34 所示）中，选择“折线图”中的第 4 种子类型“带数据标记的折线图”，再单击“确定”按钮，将“销售单数”系列的图形从柱形更改为折线。

（4）为了使数据系列更为直观，还可以将原始数据按照“销售金额”从高到低进行排序；将图例位置设置为“在顶部显示图例”；还可以取消“主要横网格线”的显示，改为将“次要横网格线”设置为主要网格线。最后设置好的图表如图 4.38 所示。

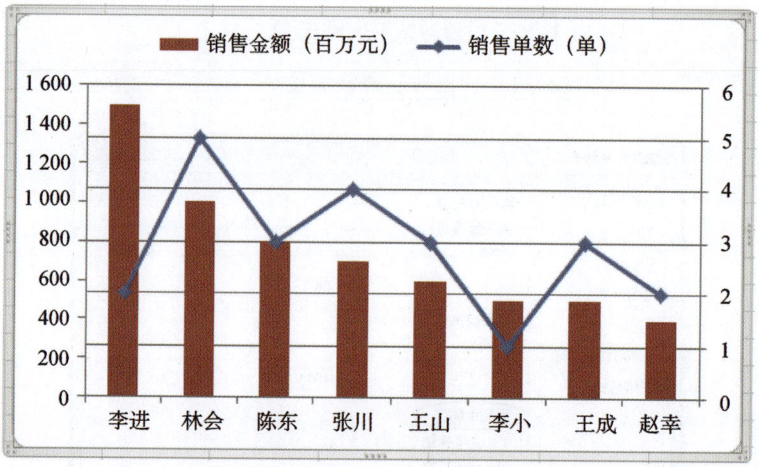

图 4.38　双坐标图表完成效果

3. 对称条形图

“对称条形图”由条形图扩展而来，有时也称为“成对条形图”或“旋风图”，经常用于同一系列指标在不同对象、条件变化前后或不同时期的对比或变化比较。

例如，在某网站上有甲、乙酒店的顾客点评分数，如表 4.6 所示，我们可以根据这张表格来绘制一幅对称条形图。

表 4.6　某网站甲乙酒店顾客点评分

点评项目	甲酒店	乙酒店
位置	4.2	4
设施	4.3	4.7
服务	4.5	4.8
卫生	4.2	4.5
住客评分	4.3	4.5

（1）选择 A1:C6 单元格区域，执行“插入”选项卡→“图表”功能区→“条形图”命令，如图 4.39 所示，选择“条形图”中的子图表类型“二维条形图”下的“簇状条形图”，即生成一基本的条形图，如图 4.40 所示。

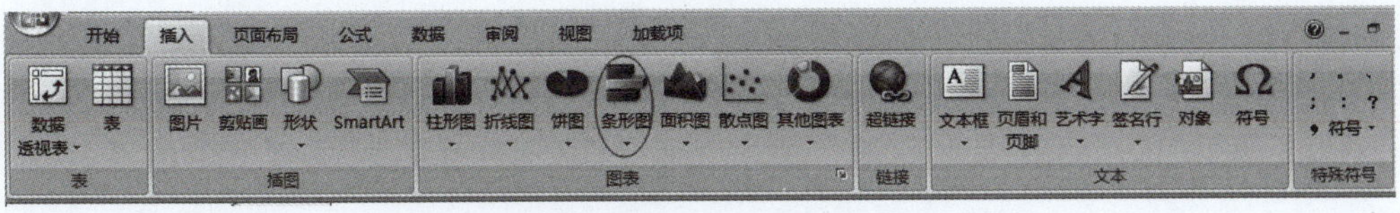

图 4.39　“条形图”命令

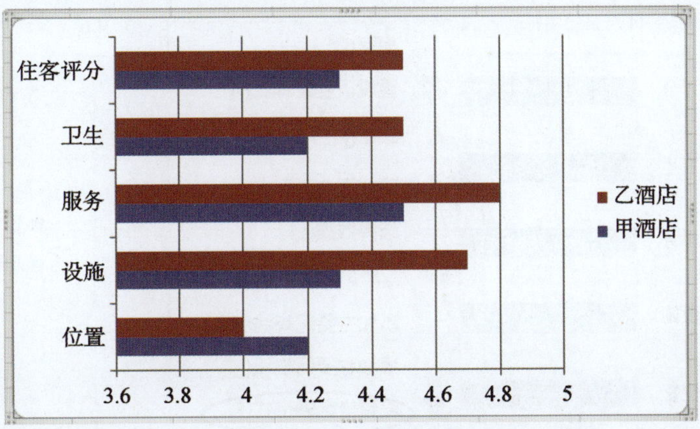

图 4.40　基本条形图

（2）选中任一蓝色条形（甲酒店数据），单击鼠标右键，在弹出的快捷菜单（见图 4.36）中选择“设置数据系列格式”命令，在弹出的“设置数据系列格式”对话框（见图 4.37）中，找到“系列选项”栏目，将“系列绘制在”选项组下的单选按钮中选中“次坐标轴”，再单击“关闭”按钮。

此时在图表区中将出现上下两个横坐标轴，如图 4.41 所示。

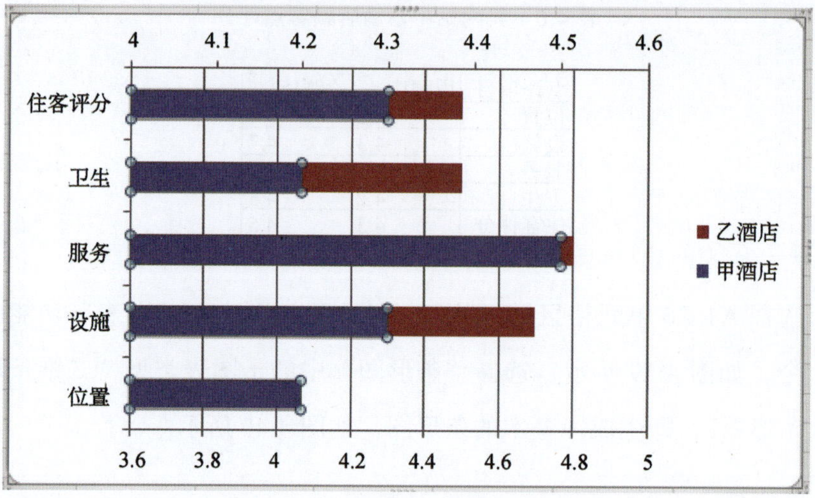

图 4.41 设置主次坐标轴效果图

（3）选中上方的次横坐标轴，单击鼠标右键，在弹出的快捷菜单中选择“设置坐标轴格式”命令，如图 4.42 所示。

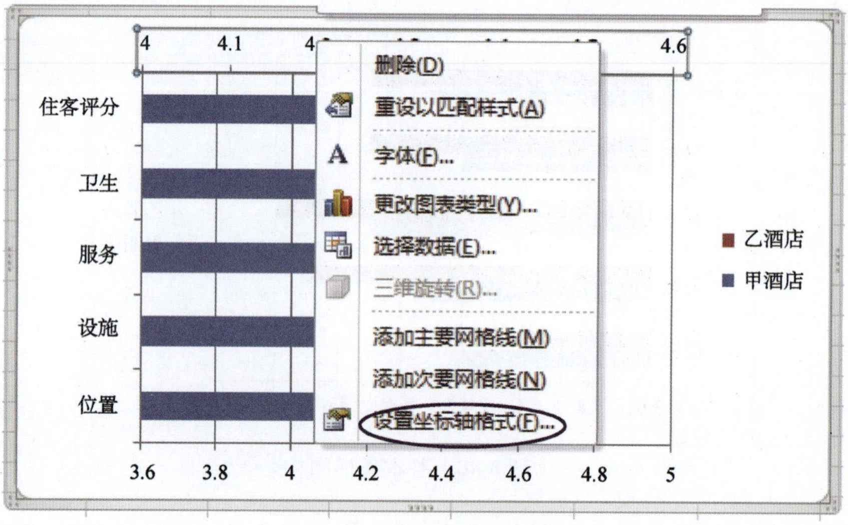

图 4.42 修改坐标轴格式

在弹出的“设置坐标轴格式”对话框中，将“坐标轴选项”中的“最小值”改为“固定”值为“-5.0”，“最大值”改为“固定”值“5.0”，如图 4.43 所示，再单击“关闭”按钮。

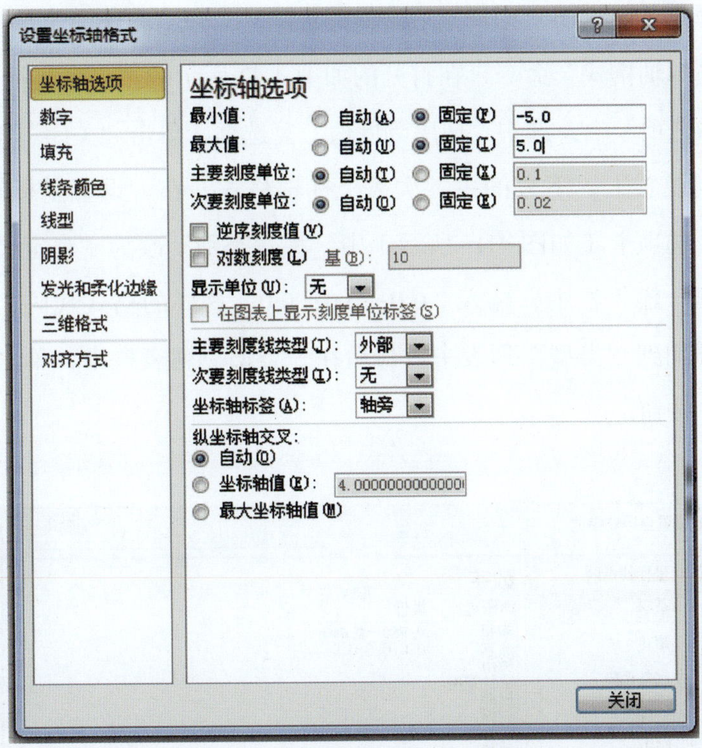

图 4.43　“设置坐标轴格式”对话框

用同样的方法，对下方的主横坐标轴做出修改，将其“最小值”改为“固定”值“-5.0”，“最大值”为“固定”值“5.0”。

此时图表区如图 4.44 所示。

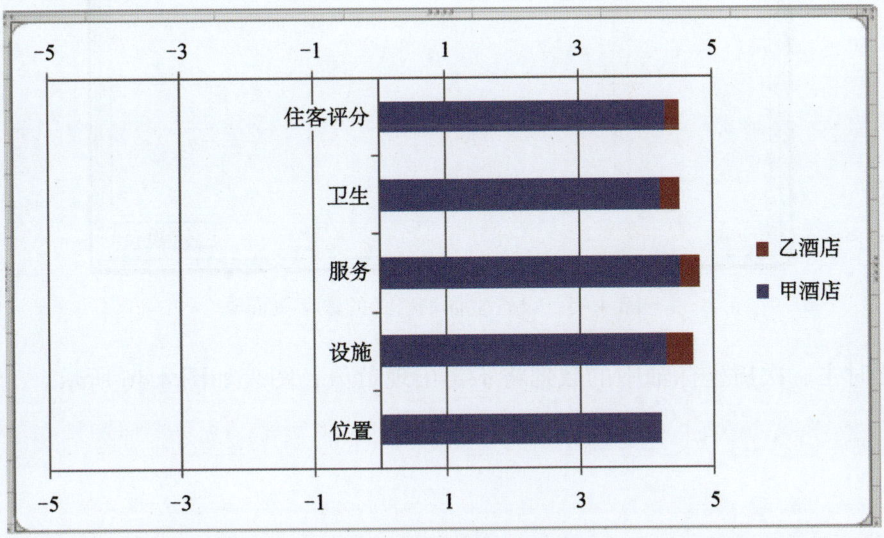

图 4.44　设置主次横坐标轴

（4）选择上方的次横坐标轴，单击鼠标右键，在弹出的快捷菜单中（见图4.42）选择“设置坐标轴格式”命令，在打开的如图 4.43 所示的“设置坐标轴格式”对话框的“坐标轴选项”中，选中“逆序刻度值”复选框，单击“关闭”按钮。

继续分别设置上、下方的主、次横坐标轴格式，在“设置坐标轴格式”对话框的“数字”选项卡（如图 4.45 所示）中，将“类别”改为“自定义”，并在其下的“格式代码”输入栏中，输入“0.0；0.0；0.0”这样的格式代码，单击“添加”按钮，使其添加到“类型”列表中。最后在“类型”列表栏中，单击选中该类型，单击“关闭”按钮。

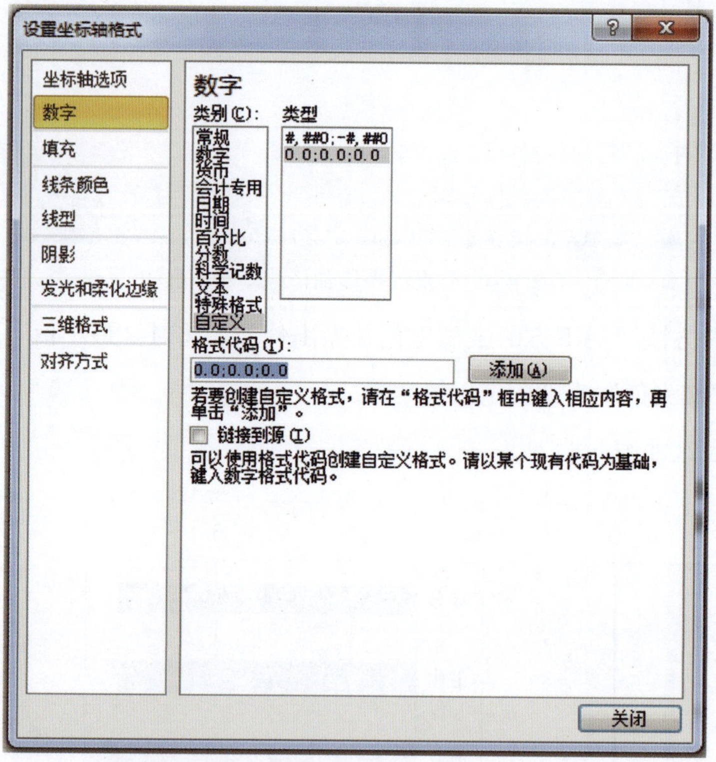

图 4.45　设置坐标轴格式的数字页面

此时主、次横坐标轴中的数据将不再出现负值，图表如图 4.46 所示。

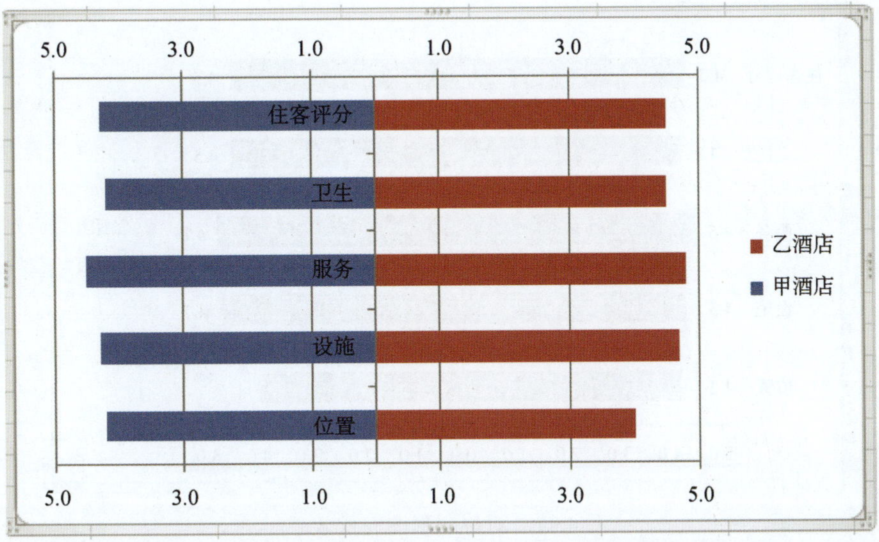

图 4.46 设置逆序刻度及数字格式后的图表

（5）最后，选择上方的次横坐标轴，单击鼠标右键，在弹出的快捷菜单中选择“设置坐标轴格式”，打开“设置坐标轴格式”对话框，将“主要刻度线类型”和“坐标轴标签”均设为“无”，并将“线条颜色”页面中选择“线条颜色”为“无线条”。

选择主要纵坐标轴（即“住客评分、卫生、服务、设施、位置”列），单击鼠标右键，在弹出的快捷菜单中选择“设置坐标轴格式”，在打开的“设置坐标轴格式”对话框中，设置“主要刻度线类型”为“无”，设置“坐标轴标签”为“低”。

找到“图表工具”→“布局”选项卡中的“坐标轴”功能区，执行“网格线”命令，将“主要纵网格线”设置为“无”，删除网格线。

还可以用鼠标右键单击数据系列，在弹出的快捷菜单中选择“添加数据标签”命令。

最后完成的效果图如图 4.47 所示。

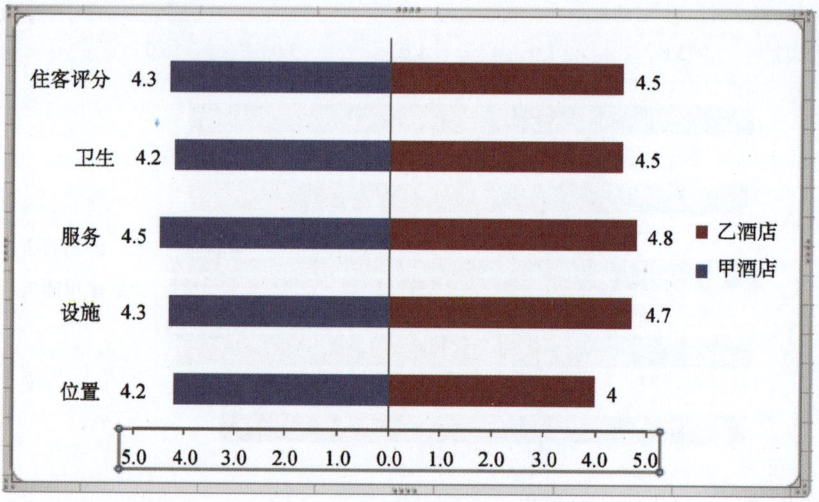

图 4.47 对称条形图完成效果

4.5.3 百度 ECharts

百度 ECharts 是一款基于平台的可视化工具，作为商业级数据图表工具，现在广泛被运用在数据可视化中。作为纯 Javascript 的图表库，它可以在 PC 和移动设备上流畅地运行，同时兼容大部分的浏览器。百度 ECharts 支持用户个性化定制数据可视化图表，方便用户对其数据透视目的进行更直观生动的展示，同时所生成的图表更具有交互性。

百度 ECharts 支持大部分的图表类型，包括线图、散点图、柱状图、K 线图、漏斗图等，同时提供了相关的数据区域、时间轴、网格等交互式组件，从而帮助用户实现多图表的混搭展示。百度 ECharts 如图 4.48 所示。

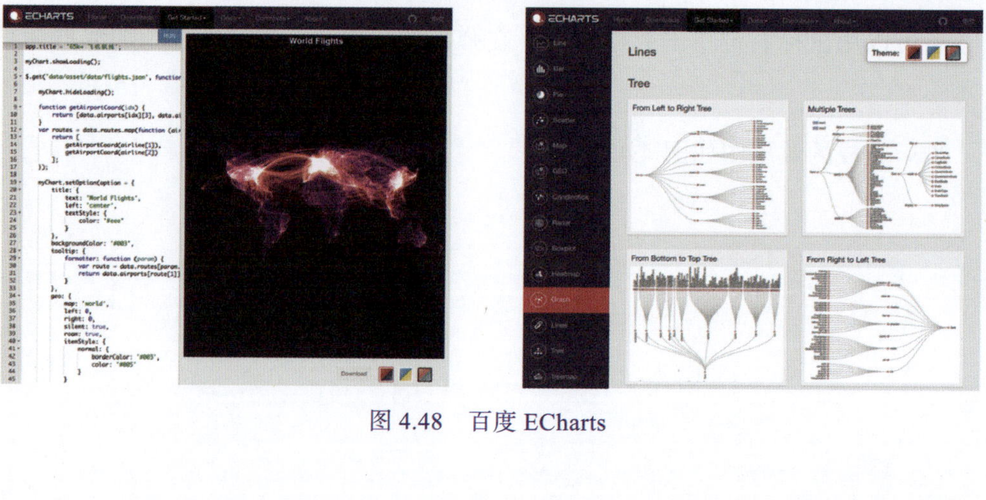

图 4.48 百度 ECharts

4.5.4 Tableau

Tableau 是一款数据分析软件，具有简易的操作性，用户通过手动拖曳数据域就可以生成相应的数据图表。同时 Tableau 根据用户不同的商务需求来提供不同服务版本。Tableau 的产品包含 Tableau Desktop、Tableau Server、Tableau Online 等。对于 Tableau Online，用户可以实现云端自助式分析，并且能够将生成后的图表分享给任何人，从而提升 Scuram 团队协作能力。在产品端上，通过连接很多云端数据库来自动刷新来自 Salesforce 和 Google Analytics 等 Web 应用的数据，从而满足用户实时查看产品数据的需求。Tableau 界面如图 4.49 所示。

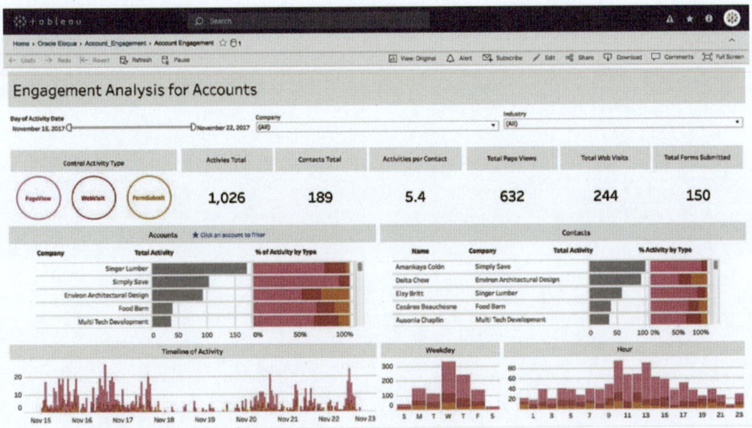

图 4.49　Tableau 界面（来源：https://www.tableau.com/zh-cn/products/cloud-bi）

第5章

大数据分析应用案例：通过社交媒体对市场进行分析

随着移动互联和电子商务的繁荣，所有的产业都在使用互联网和大数据进行升级和变革。原有的各种品牌或者市场策略在这场变革中，也出现了许多的变化。这种变化由原先粗放型的并且具有局限性的方式方法，转变为更快捷、更高效、更精准的大数据分析手段。例如用户在使用微信这种移动社交应用程序的时候，就会在微信朋友圈中收到宝马轿车的广告，如图 5.1 所示。

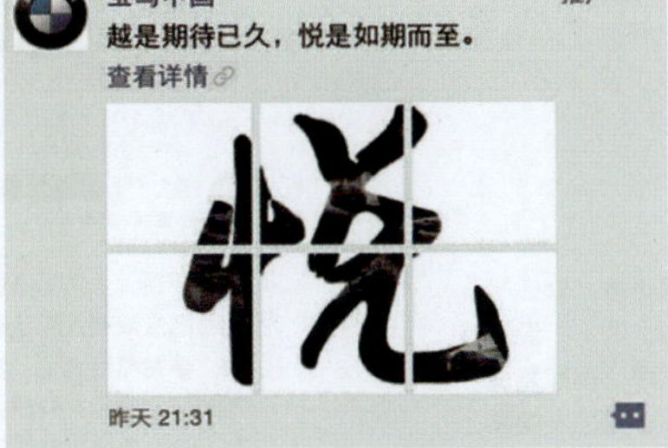

图 5.1　微信宝马广告（来源：微信朋友圈）

据说这也是微信朋友圈所发的第一条广告。然而这条广告并非所有开通了微信的用户都能看到的。微信朋友圈的广告是基于大数据分析的前提下，进行精准的广告投放。这种广告投放的形式依托于数据平台对用户在社交媒体上的数据以及相关的关联数据分析，例如微信钱包的支付系统等数据。对于品牌和厂商来说，可以更加直接地针对目标用户的群体进行广告投放，让目标用户群体更直接全面地了解到产品的信息，从而转换为实际的购买力。因此，如何使用这些社交媒体上的大数据来帮助企业进行相关的市场策略制定和使用，将会成为本章节的主要探索内容。

5.1 社交媒体非结构化大数据的背景

在互联时代中，网上购物已经成为了人们生活中不可或缺的一部分。无论是出门旅游还是将心仪商品添加到购物车之前，都有着必不可少的一个环节：查看网上评价。这些评价内容通常会帮助你决定是否要购买这一件商品或者是否要去这家咖啡馆喝下午茶。同样的情况也发生在衣食住行中，人们选择旅游时，则会通过飞猪、携程等旅行预订类网站，并通过查看评价来确定自己的旅行计划。在亚马逊、京东等网站，你可以找到很多关于3C电子产品的评价，如图5.2所示；新的电影上映时，消费者会先通过IMDb（互联网电影资料库，Internet Movie Database，简称为IMDb）或者豆瓣等评价类网站来找到相关电影的评价，随后决定是否去看。

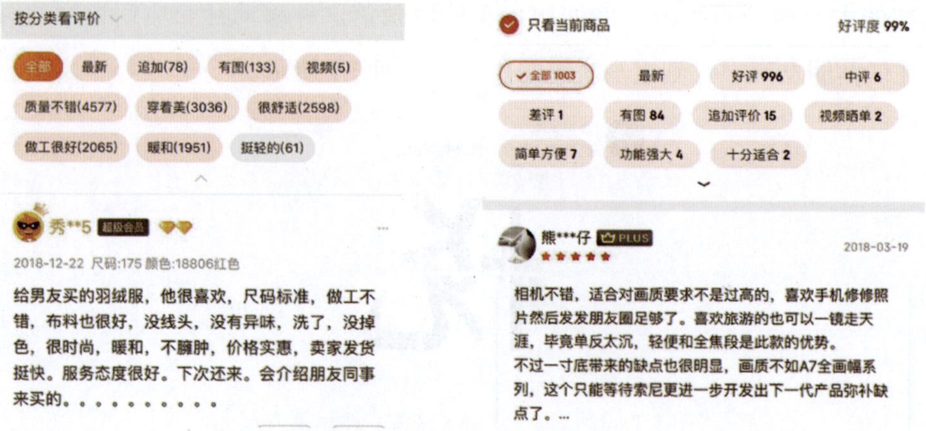

图 5.2 线上产品评论信息

无论是在社交媒体上的信息，还是专业的评论类网站上的信息，都会对用户的行为造成一定程度上的影响。这种用户的行为不仅仅只局限于线上的消费行为，同样也会对用户线下的行为产生非常重要的影响。例如当你在微信朋友圈看到你的朋友在某家网红店的自拍照时，你也会考虑是否要去同样的店。根据Marketingland 网站的关于线下购买商品的研究报告分析得出，在消费者查询相关产品信息的时候，82% 的用户更倾向于使用他们的智慧型手机。消费者通常会通过各种纬度来了解产品，例如价格、性能以及其他用户的评价。

通过图 5.3 我们可以看出，对于不同的产品类目，用户的线上评价也会有着不同的影响程度。这种影响力不仅仅局限于线上的消费行为，同时也影响到消费者或者用户线下的行为。[22]

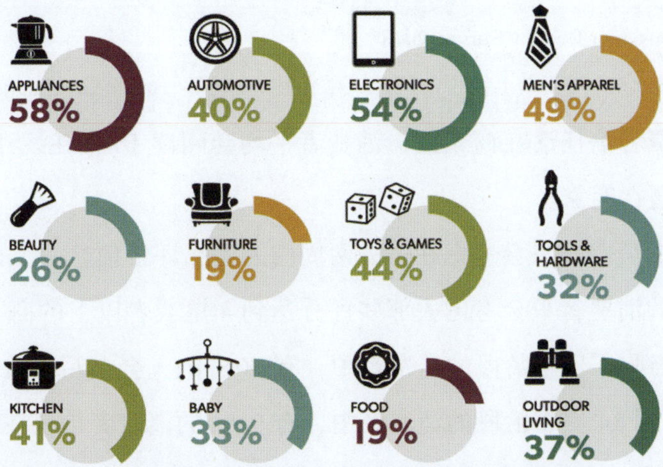

图 5.3　不同商品类目在被购买时，受到线上评价影响的程度
（来源：BazaarVoice“The ROBO Economy”）

那么社交媒体上的这些用户评价到底有多大的影响范围？有多少人会受到这些评价的影响呢？

通过 BrightLocal 发布的最新的市场调研报告 [23] 的研究发现可以对上述的问题做出相应的回答：

（1）如图 5.4 所示，86% 的用户在去当地商家进行消费前，会先行阅读他们在网上的评价，其中年龄在 18 岁到 34 岁之间的用户占了 95%。

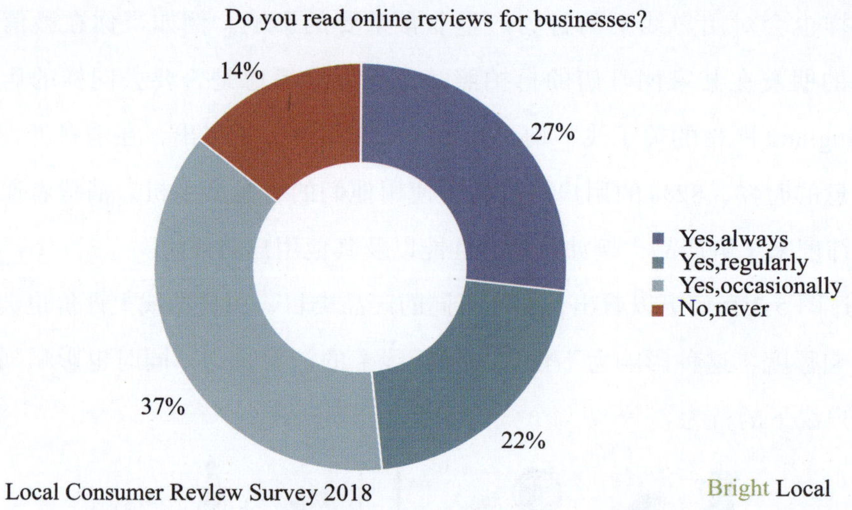

图 5.4 阅读网上评价的用户人数占比（来源：BrightLocal.com）

（2）在消费者信任潜在商家前，消费者平均会阅读 10 个在线评价来决定他们是否相信这个潜在商家。

（3）40% 的消费者只会考虑在过去两周内的商品评价信息。

（4）57% 的消费者只会考虑去那些评分达到 4 星或者以上的商家消费。

（5）在 18 到 34 岁年龄段的消费者中，有 80% 的人会撰写在线评价。

（6）在 18 到 34 岁年龄段的消费者中，有 91% 的消费者信任在线评价。

（7）会有 89% 的用户去阅读商家的评论反馈信息。

从上述的研究报告中，我们不难看出，网上评价信息已经成为了影响消费者做出消费决策的一个重要的因素。对于消费者而言，商品的评价信息是帮助其决定是否购买该商品的决策依据。而对于企业而言，商品的评价信息则可以帮助企业更好地了解用户体验，包括产品的用户反馈、市场反应及自身服务的质量。由于这些用户评价信息在网上都是公开的，因此也能帮助企业了解到同行业竞争者的优势等，从而改善自身产品和服务，最终提升整体竞争力。

在相关的购物网站上，我们不难发现，用户在给出商品评价的过程中，通常会使用时下较为流行的语言，同时也会包含图片反馈信息。这类信息并不像问卷调查中的选择题和其答案一样具有固定的格式和内容，其本身并非属于结构化的数据。由于通常这类非结构化的商品评价信息数量非常巨大，企业如果使用人工一条条地进行查看则会产生巨大的人力成本和时间成本。与此同时，由于评价内容繁杂且不具备结构性特点，因此很多时候企业或者数据科学家很难使用简单的固定模式去归纳出评价中整体并且可靠的结论。

在这部分的内容中，我们将所有关于商品的评价、使用情况以及相关的经验分享内容都统称为线上产品评论信息。通过上面的叙述，我们可以看到线上产品评论数据已经在现代的市场智能（Marketing Intelligence，MI）中占有非常重要的研究价值和地位。市场智能是由商业智能（Business Intelligence）所发展出的一个概念。市场智能是对市场进行动态地分析研究，将多数据源进行分析和整合，从而用来提供相应的市场决策支持依据和模型，例如用户产品体验、同类产品分析等。这些基于社交媒体平台上的线上产品评论信息正在逐渐被运用在实际的市场智能中。

目前在市场上，通常可以通过下列网站来收集到相关的线上产品评价信息。

1. 购物评价网站

购物评价网站有：

- www.taobao.com（淘宝）。
- www.amazon.com（亚马逊）。
- www.ebay.com（eBay）。
- www.jd.com（京东商城）。
- http://www.suning.com/（苏宁易购）。

2. 综合评论类网站

综合评论类网站有：

- www.douban.com（豆瓣）。
- www.zhihu.com（知乎）。

3. 旅行评论类网站

旅行评论类网站有：

- https://www.airlineratings.com/（领英）。
- http://www.ctrip.com/（携程）。
- https://www.fliggy.com/（飞猪）。

在接下来的内容中，我们将主要讨论如何透过这些庞大的线上产品评论信息来对市场进行分析，并且对于其中主要应用到的情绪分析技术做出相应的阐述。

5.2 社交媒体大数据情绪分析

在这一部分中，我们将主要介绍如何使用情绪分析来对大数据中的线上产品评论信息进行分析，并且如何对市场分析起到相应的辅助作用。

5.2.1 情绪分析的概念

先来了解一下什么是情绪分析。情绪分析，有时又称为意见挖掘，是指通过使用自然语言处理、文本挖掘等方法来将目标文字中的主观信息识别并且提取出来的过程。简单来说，就是通过分析相关的文本内容，从而得知作者在写这段文字时的情绪状态。因此在市场分析中，我们可以通过情感分析这种方法来知道用户在使用产品后，透过线上产品评论信息所要表达的情绪[24]。

情绪分析可以用于对文本的整体情绪值进行分类预测。目前对于整体情绪值的分类预测可以分为两类：第一类是较基本地将整个文本内容分类为积极、消极或者中立（或称为自然）的情绪；第二类则是在基于第一类的基础上，进一步对分类进行了加深，从而发展出细粒度分类（fine-grained Classification）。这种细粒度分类保留了中立的情绪，将积极的情绪依据文本情感强弱的不同，分为强积极和弱积极两种；同样的，消极的情绪也划分为弱消极和强消极。情绪分析分类类型如图 5.5 所示。

图 5.5 情绪分析分类类型

上述的情绪分析方法模型是基于全文的层级上，而进一步地将细粒度缩小，可以由原先的全文情绪值降低为文中某个特定概念的情绪值分析，这类优化后的、具有更小细粒度的情绪分析方法称为“功能 / 属性为基础的情感分析”（feature/aspect-based sentiment analysis）。例如，在一篇数码相机的评价文本中，如果该文本包含了多个维度的评价内容，例如电池的续航能力或者相机的重量等，则我们可以对其中的某一方面进行情绪值的分析，从而获得该产品特定方面的用户反馈。这种层级的情绪值分析较之前一类，更具有针对性，同时分析的难度也更高。

5.2.2 情绪分析的步骤

在了解了情绪分析的任务和预测分类的标准后，我们接着来看一下，情绪分析的大致流程是怎么样的。简单来说，情绪分析的步骤大致上可以划分为5步（见图 5.6）：

第一步是数据的收集，也就是如何获取我们所需要的线上产品评论信息数据。

第二步是对所获得的评论数据进行数据的准备和处理，以使其更准确地作为下一步骤的输入内容。例如，在评论中，会存在一些表情符号，像是😂或者😭等。这类表情符号具有一定的情感信息，但是需要通过一定的处理才能在下一步的分析中被更精确地识别[25]。

第三步是对上一步准备的数据进行分析，通过自然语言处理技术来提取当中主要的带有情绪极性的词语并对其进行分析处理。如果是针对概念级的情绪分析的任务，则需要识别和提取出相应的概念主体，以及与之对应的情绪极性值。

第四步是通过所提取出的、已经获得的情绪极性数据，进行整体文本层级的，或者是概念层级的情绪分类，最后依据划分标准的不同，给出情绪结果是积极的或者是消极的。

第五步是将所获得的情绪分类结果进行汇总，从而做出宏观上的舆情分析或者市场分析。

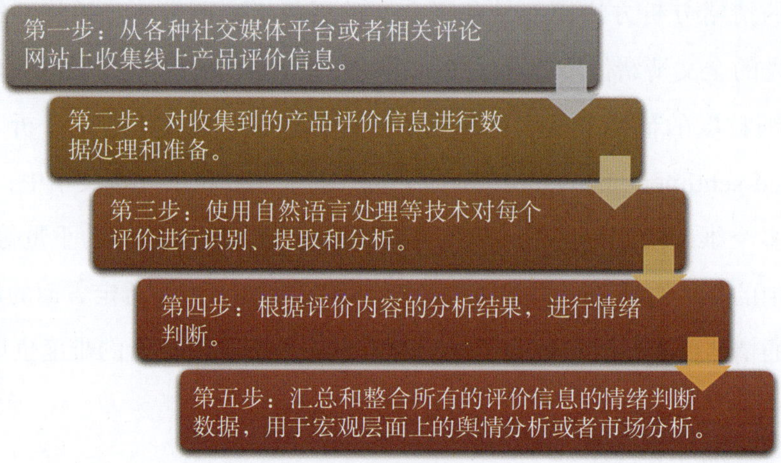

图 5.6　情绪分析步骤

5.2.3　情绪分析实际案例

通过上述的流程以及相关定义的介绍，大家基本可以了解了什么是情绪分析。在这节内容中，将通过一个案例并且使用相关的工具平台来更好地帮助大家理解如何进行情绪分析。

假设目前我们已经收集到了一家酒店的线上评论信息 6 条（本案例来自百度 AI 开放平台）。具体内容如表 5.1 所示。

表 5.1　线上酒店评论内容

1.	“环境赞，服务很贴心。”
2.	“非常不错的酒店，环境好。”
3.	“周边环境以及房间非常不错！”
4.	“感觉很好，服务也不错，还会一如既往地关注，支持”
5.	“没有停车场很不方便，楼下的餐厅味道很一般”
6.	“环境服务都很不错，性价比高，值得体验。”

通过评论的具体内容，我们可以清楚地看到在第 1、2、3、4 以及 6 的评论内容中，主语分别有“环境”、“房间”和“服务”，而相对应的形容词则有“赞”、“贴心”、“好”和“不错”等，从而我们可以得到这样的结论：消费者对于这家酒店

的环境、服务方面是持有积极的态度的，而对于餐饮和基础设施（停车场）是持有消极的态度的。因此酒店方面可以通过完善酒店的基础设施，以及提高餐饮水平来更好地完善服务。

但是这只针对 6 条评论信息，我们可以直接通过人工的方式来得出相应的结果，假设我们现在拥有 6 万条甚至更多的酒店评论信息，此时就需要借助相关的工具来帮助我们完成情绪分析。

图 5.7 是百度 AI 开放平台所提供的“评论观点抽取”功能案例界面。

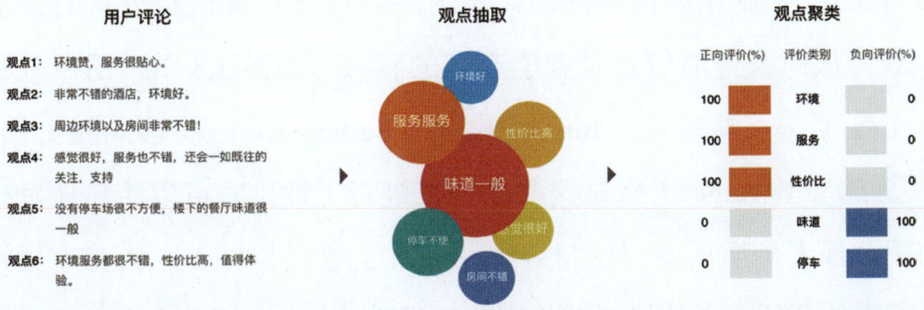

图 5.7 “评论观点抽取”功能案例界面（来源：https://ai.baidu.com/tech/nlp/comment_tag）

通过百度的 AI 开放平台的帮助，我们能将大量的用户数据输入到其中，并且最终提取出综合性的观点。在观点抽取中，平台能自动地将所有评论中的关键观点抽取出来并且返回给用户，同时用分数的形式对酒店的相关能力进行了量化。用户可以清楚地在观点聚类中看到环境、服务、性价比这三方面用户持有正面积极的态度，而在味道和停车方面则需要更进一步的改善。

那么通过这样的可视化工具的帮助，我们可以得知消费者对酒店或者产品本身的态度是积极的还是消极的，并且清楚地知道有哪些需要改进的方面。同样的，也可以通过提取同类竞争产品的评论信息来获得相关的竞争对手的优势和弱点，从而制订更高效和精准的市场策略与产品策略等。

通过上述针对评论内容的情绪极性分类，我们可以认为微观层面的分析任务基本完成。接下来需要做的就是将每个评论的情绪分析结果整合在一起，从而完成宏观方面的产品或者市场的分析。例如，图 5.8 所示的两款同类数码相机进行功能性情感分析后，所做出的宏观方面的比较。

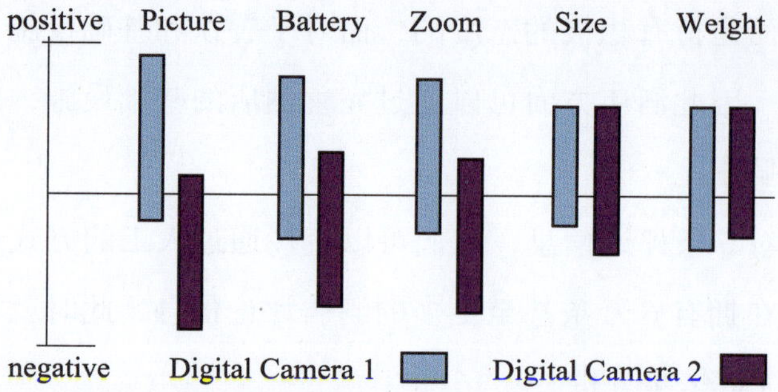

图 5.8 两款同类数码相机的用户评价比较 [26]

通过图 5.8，企业在对自身产品以及另一款同类产品进行分析时，就能直观地进行比较，从而获得消费者对竞争产品的看法。在图 5.8 中，用户分别从数码相机的 5 个维度——画质（Picture）、电池（Battery）、变焦（Zoom）、大小尺寸（Size）以及重量（Weight）来对这两款相机进行了评价。可以明显地发现，数码相机 1 的图片或者画质所获得用户好评明显优于数码相机 2 。而在重量方面数码相机 1 所获得的负面或者消极的评价则高于数码相机 2。因此在企业进行后续的产品研发或者市场策略时，可以着重在重量等不具备明显优势的方面进行修改；同时在进行产品推广时，可以加大对产品画质、电池等具有明显优势特点的介绍。与此同时，对于目标用户群体的推荐也能够更精准地定位，对于数码相机 1 来说，由于其本身各方面性能都比较优越，但是在重量方面则稍微欠缺，因此可以向那些对重量并不十分介意的用户进行推广和投放；而对于数码相机 2 来说，则对倾向于更注重重量的用户来进行推荐。

5.3 使用社交媒体大数据对市场结构进行分析

在进入这一部分的内容前，先来了解一下什么是市场结构，以及对市场结构进行分析能够帮助企业做什么。

5.3.1 市场结构及分析

所谓市场结构是指，在某一市场中的各种要素之间的内在联系及其特征，其中主要包括了下面 4 个方面的关系：

- 市场卖方（或称为市场供给者）之间的关系；
- 市场买方（或者需求者）之间的关系；
- 买卖双方（或者供给和需求者）之间的关系；
- 市场上已有的买方和卖方与正在进入该市场的买方和卖方之间的关系。

目前市场结构的类型可以分为以下几类。

1. 完全竞争

如果市场中的买家或者卖家有着足够大的规模，并且买卖双方都是价格的接受者，当不能单独影响市场价格时，这样的竞争性状态则称为完全竞争。同时，这样的市场也称为完全竞争市场。

2. 垄断

垄断是指只有一家厂商提供所有供给的市场结构，价格的制订受到垄断厂商的影响。

3. 垄断竞争

垄断竞争是指许多厂商生产并出售性能相近但是不同质商品的市场现象，通常具有企业数量多但规模较小，产品相似但又彼此相差等特点。例如牙膏、洗发水市场等。

4. 寡头

寡头指一个市场只有少数几个卖方，这些卖方主导整个市场的状态。在这种市场状态下，每个寡头都关注着其他寡头的行为。寡头之间相互影响，通常寡头厂商之间所做出的市场决策会相互间影响。因此也通常需要考虑市场其他参与者对所做的市场决策可能做出的反应。

分析市场结构的目的在于，可以帮助研究企业在不同的市场结构下其价格和利润的差异。因此，分析市场结构可以清楚地知道在目前市场上企业的竞争对手是谁，企业就能够根据市场结构和竞争对手来制订相应的市场营销策略。因此分析市场结构对于企业的市场行为和相应决策有着非常重要的作用[27]。

在很久之前，就已经有很多研究人员尝试将用户生成的产品评论信息与市场销售行为进行联系，并且获得了一定的研究成果。例如在 2006 年，Yong Liu 就通过检索雅虎（Yahoo）上关于电影的评价和价格来预测电影的票房销售情况[28]。

由此可见，通过文本挖掘和情绪分析来预测产品选择和市场分析是十分具有前景的。因此在2012年，Oded Netzer等研究人员通过构建品牌联想网络和市场结构分析的方法，来加深对产品评论信息的挖掘和探索[29]。在其研究中，他们提出了传统市场结构分析的方法以及其不足之处。

传统的市场结构分析的方法主要包括两种：第一种是考虑集调查（Consideration Set Survey）；第二种则是品牌置换数据（Brand-Switching Data）[30]。

首先来了解一下什么是考虑集。所谓考虑集是指消费者在考虑相关产品信息后（例如产品价格、品牌知名度等），缩小选择范围所留下来的产品或者品牌。同时很多的市场研究学者认为考虑集会影响消费者的购买决策。因此考虑集调查则是通过调查的方式来发现消费者或者买方在打算购买某类商品时，会保留或者倾向于哪些品牌，并且根据品牌之间的联系，对市场结构进行分析。例如在购买汽车时，可以调查在某些条件下，买方会考虑的前三种汽车品牌。

对于品牌置换数据，顾名思义，是指当你需要进行产品更新时，可以通过将旧的商品（即便是品牌不一致）置换成新的品牌厂商时，从而获得的相关数据。通过该交易数据，我们就能够知道与之对应的品牌之间的关联。

通过图5.9我们可以看出，大多数美国品牌聚集在了图中的右下角部分。而在图的左侧则主要是高端豪华的欧洲和日本品牌轿车聚类。而图的顶部则主要显示着主流的日本汽车品牌。透过这张图我们能够得知在市场中类似的品牌或者产品有哪些，并且根据这样清晰的聚类区分，相关的研究人员能够更清楚地对市场进行分析。

传统市场结构分析方法存在着明显的局限性，可以分为以下三点。

（1）样本数量受到限制，并且包含着很多的噪音。如果样本数据过大，则会消耗企业厂商大量的成本对其进行获取和分析。

（2）很难跨区域或者跨国家对不同的消费群体来进行市场结构分析。

例如当企业希望对高档轿车进行市场结构分析时，通过问卷调查的方式对不同的消费者群体进行调查，同样会消耗企业大量的调查成本。

（3）无法对于突发事件情况进行分析。例如当苹果手机在中国受到禁售的影响时，很多的手机厂商很难通过传统的市场结构分析方法来了解市场结构是否发生了变化。

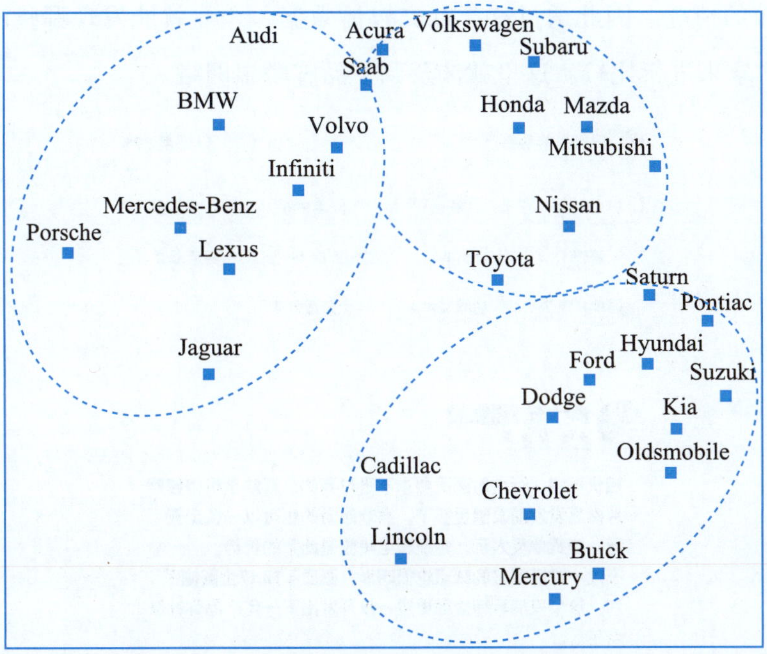

图 5.9　基于品牌置换数据的汽车品牌多维尺度分析图 [30]

而通过使用互联网社交平台上的线上用户评论信息以及相关的技术方法，企业厂商可以改善上述的这些局限性 [31]。

5.3.2　品牌联想网络

回顾一下在最开始我们所引用的一篇线上数码相机评论内容。在图 5.10 所示的评论内容中可以看到用户关于画质方面的描述是“不过一寸底带来的缺点也很明显，画质不如 A7 全画幅系列…”。在这句文字描述中，用户直接比较了当前产品与另一系列的相机产品在画质方面的区别。这种现象表示用户在进行线上产品评论时确实会直接地通过产品比较的方式来表达自己的观点，该现象在 2005 年由 Schindler RM 对其进行了验证 [32][29]。与此同时也为我们使用“术语共现”的方法提供了基础 [24][29]，从而允许我们通过该技术来构建“品牌联想网络”。通过“品牌联想网络”这个方法，可以确定消费者会对哪些品牌进行了比较。

假设你现在希望购买一台新的智慧型手机，你会选择哪些品牌呢？而在考虑集中，你的衡量标准又有哪些？是考虑摄像头画质、外观还是电池巡航时间长短？这些都是在线上用户评价的过程中经常会出现的，将现有产品与目标品牌产品进行比较的情况。因此透过这类社交媒体数据，企业就能发现哪些产品或者品牌会被用户拿来进行比较。这里就涉及到了品牌联想网络。

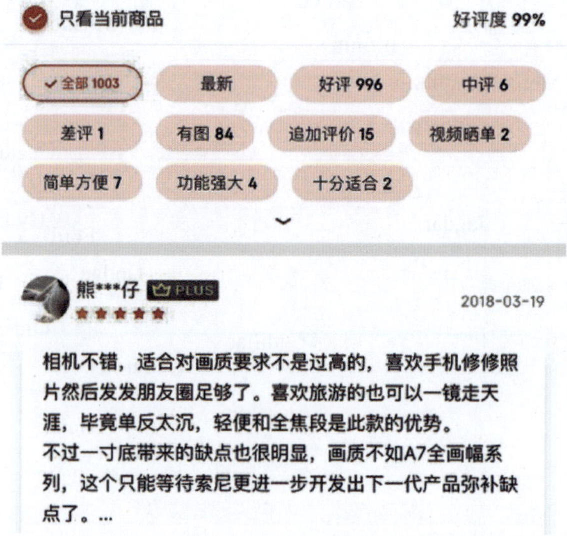

图 5.10　数码相机线上评论

在认知心理学中，有着大量的文献表明，人们会在心中将相互独立的知识点进行关联，然后形成一个心理联想网络 [33][29]。而在 1975 年，Collins AM 的研究则表明在知识联想网络中的某一个点被激活后，也会传播到相关联类似的知识点 [34][29]。在这样的情况下，两个节点之间的关联强度是与它们之间的语义相关性成正比的 [35]。

举个例子，对于男生而言，如果需要去买礼物，在没有明确知道自己女友想要的“Mac”是口红的情况下，存在很大的可能性会将“Mac”认为是苹果电脑，其可能原因就在于在男生的联想网络中，Mac 和苹果电脑之间的关联强度远远高于 Mac 和口红的关联强度。品牌中包含 Mac 的产品如图 5.11 所示。

图 5.11　品牌中包含 Mac 的产品

根据上述理论，回顾之前数码相机的线上评论内容，我们可以知道当用户在对产品进行评论的时候，在联想网络中，相互关联的品牌或者产品节点就会被触发，从长期记忆中被检索出来并且被用于评论中与当前产品进行比较。

在1998年，由Henderson所发表的“*Brand diagnostics: Mapping branding effects using consumer associative networks*”一文中证明了通过品牌联想网络可以用来理解品牌之间的关系，例如品牌间的竞争力、互补性，以及市场结构等。

综上所述，我们给出了这样的定义：

品牌联想网络是指消费者看到一特定品牌时，从他的记忆中所能被引发出的、对该品牌的任何想法，包括感觉、评价、品牌定位、关联品牌等。

因此基于品牌联想网络，我们可以知道使用社交媒体平台上的线上产品评价信息来对市场结构进行分析的方法是可行的。接下来我们来了解一下使用线上产品评价信息对其进行市场分析的相关技术。

5.3.3 文本挖掘技术

在使用线上产品评论信息进行市场分析前，先来了解一下如何使用文本挖掘技术来对结构化的产品信息（例如汽车品牌、汽车型号等）和相关的属性数据进行提取。这部分的文本挖掘步骤总共可以分为5步（见图5.12）。

图5.12 信息提取步骤

第一步：收集数据

在这一步中，我们可以按照相关数据网站上的数据格式对所需要的数据进行下载。通常相关的网站所提供的数据大部分是以原始数据的形式存在的，例如HTML格式。而通过网站所提供的数据API接口所获得的数据则一部分会以JSON格式存在。

第二步：清洗数据

通过上一步，我们已经获得了原始数据，在这一步中，我们将对其进行清洗。假设我们获得的是HTML格式的数据，因此需要清除数据中HTML标签以及其中非文本的数据，例如广告、图片信息等。

第三步：信息提取

从已经清洗完的数据中提取出品牌名称专有名词以及品牌的相关属性。

第四步：分块

分块是指根据句子语法，将文本划分为非重叠的词组的过程，也是语义关系识别和主体识别任务的前提[36]。

第五步：语义关系识别

在语义关系识别中，我们需要完成两部分的工作。首先需要根据数据中被提及的产品以及共现的产品来生成语义网络。这样的语义网络可以为数据使用者提供关于整体市场结构的概述。然后我们需要提取出产品与专有名词间的关系以及它们之间的性质和情绪。[29]

5.3.4　市场结构分析步骤

在了解了如何进行信息挖掘及其基本步骤后，我们来看一下如何使用信息挖掘或者文本挖掘技术来对市场结构进行分析，并且构建品牌联想网络。根据相关的学者研究，我们借鉴了中国台湾大学魏志平教授对于市场结构步骤的划分[31]。他将整个市场结构分析中对于品牌联想网络的构建过程划分为 4 步，如图 5.13 所示。

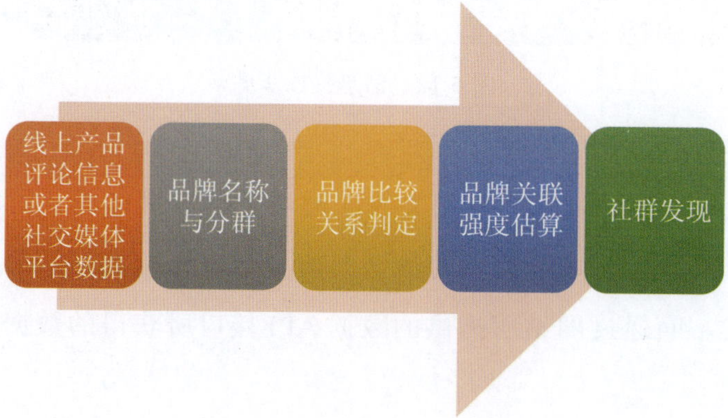

图 5.13　市场结构分析步骤[31]

接下来我们分别来了解在各个步骤中的主要工作内容以及相关的方法。

1. 品牌名称与分群（Brand Name Recognition and Grouping）

这个步骤主要用于识别线上产品评论中所提及的品牌名称，并将统一品牌的不同写法（同义词）分到同一群集中。

品牌名称与分群的主要方法有下列几种：

（1）通过事先已经准备好的词库（Lexicon）在文本中提取出对应的专有名词——包括品牌与产品名称、其同义词以及产品与品牌的关系。例如 iPhone XS、iMac 等术语均属于 Apple 的产品。

使用这个方法通常需要行业领域专家来对词库进行预先设定，并且在后续的维护过程中，随着新款产品的发布，仍然需要添加词库内容，否则就会造成相关产品以及专有名词的缺失。同时也需要行业专家对目标品牌下的相关产品进行预先设定。随后按照提前设定的规则，对文本进行提取，最后获得我们所需要的信息。

（2）使用实体识别技术（Named-entity Recognition）来标注文本中的专有名词——例如品牌名称和产品名称，以及统计方法以识别同义词以及产品与品牌的关系。该方法通常可以通过线上人工智能平台工具来协助完成，例如百度人工智能平台等。另外，随着自然语言处理技术的发展，透过语料库的训练以及相关神经网络模型的配合，我们也能通过词嵌入技术来构建一个词语向量空间，通过将词语依据概率原则映射到这个词语向量空间中，从而来探索它们之间的语义关系以及获得相关的近义词[37]。

2. 品牌比较关系判定（Brand Comparison Identification）

这个步骤主要用于识别产品评论中进行相互比较的品牌。

该步骤的具体方法有：

（1）共现方法（Co-occurrence Method）。在同一句子中共同出现的品牌即为相互比较的品牌。

（2）比较句方法（Comparative Sentence Method）。比较语句（例如“优于”和“比较差”）中出现的品牌视为相互比较的品牌。

通过下面的例子我们来了解一下上述两种方法。图 5.14 所示的是一段网上关于玛莎拉蒂汽车的评价。

至于玛莎拉蒂，最多也就是BBA档次，虽然很多人觉得高BBA一档，但同档次其实性能方面还被BBA虐爆。一个开总裁的在宝马M5或e63s面前是绝对找不到半点自信的，百万"运动"性能车跑不进五秒也就它了，只是一个声浪很响半天跑不快的笑话......关键一个自诩豪华车的牌子，内饰在奔驰S面前都抬不起头，太好笑。

图 5.14　玛莎拉蒂汽车评价（来源：知乎）

如果是使用比较句方法来对文中的比较品牌进行提取的话，由于文中并未出现明显的“优于”或者“差于”等直接比较词，就很难提取出相应的比较品牌，例如宝马 M5 等。然而利用共现方法，则可以提取出相关的比较品牌为宝马或者奔驰。

而对于比较句方法，在图 5.15 所示这条评论中则可以通过“优于”和“比…高”这样的比较词，提取出比较品牌是保时捷的卡宴系列，并且比较的属性分别是尺寸、动力和价位。

比方说，这两款SUV同价位型号，Levante的尺寸全面优于卡宴；Levante的动力略高，同时百公里加速成绩也确实要比卡宴高；同价位车型Levante的基础配置略优于卡宴

图 5.15　玛莎拉蒂汽车评价（来源：知乎）

通过上述两个例子，可以看出共现方法和比较句方法各自存在相应的优缺点。共现方法最直观的优点在于能够直接根据规则进行比较品牌的提取，并不需要对句子成分进行词性标注或者句义分析等工作。而比较句方法则需要通过对句子进行句义分析后才能更准确地进行品牌比较以及比较属性的提取。

3. 品牌关联强度估算（Estimation of Brand Relevance Strength）

此步骤用于评估品牌竞争网络中品牌之间的关联强度。

在品牌关联强度估算中，我们希望了解两个比较品牌之间的关联强度的强弱性。我们认为，如果两个品牌经常出现在评论数据中，那么它们的关联强度则比较强，因此关联强度与它们共现的次数成正比。反之则认为它们之间的关联强度较弱。这种认识在共现方法中得到了很好的贯彻和使用。

方法 1：在线上品牌评论中，比较两个品牌共同出现的次数（可在句子的层级或产品评论的层级中比较）。

方法 2：计算两品牌间的相关性系数（Lift）。相关性系数是两个品牌实际共同出现频率与期望共同出现频率的比率。

方法 1 较为简单，但同样地也存在另一个问题。假设现在我们需要对玛莎拉蒂“总裁”和保时捷“卡宴”两款车的某项属性的关联强弱进行估算。通过统计后，我们得到了在关于“总裁”这款车的评论中，和“安全”这项属性共同出现的次数为 500 次；而“卡宴”这款车则和“安全”这项属性的词共同出现了 30 次。然而在数据集中，提及“总裁”车型的评论数量是 50000 次，而提及“卡宴”的数量是 600 次。但是在对所有的评论进行正则化（Normalization）后，却很有可能出现“卡宴”车型与“安全”属性词语共现的概率更高。因此这正则化的方法被称之为“lift”（或者是点间互信息[38][29]），也就是我们上述的方法 2。

计算术语 A 和 B 之间的 lift 值可以通过下列方法：

$$\text{lift}(A, B)=\frac{P(A, B)}{P(A)\times P(B)}$$

其中，$P(A)$ 或者 $P(B)$ 是在给定一组产品中，A 品牌或者 B 品牌出现的机率，$P(A, B)$ 则是 A 和 B 共同出现的概率。如果两个品牌是独立的，则其 lift 值将为 1，两品牌之间的关联性越强，则其 lift 值越大。

4. 社群发现（或者称为社区发现，Community Detection）

给定一个品牌比较网络，在这个品牌比较网络中包含着许多个品牌。社群发现这一步骤是探测其中包含的群落，并将它们形成一个聚类（群落），并且每个群落内的节点紧密连接（在品牌比较网络中，节点可以是不同的品牌或者产品），而群落与群落之间的连接较为稀疏。在这一步中，我们可以使用 Girvan–Newman 算法（GN 算法）。在这里不对 GN 算法进行详细叙述，感兴趣可以查阅 Newman 和 Girvan 的关于如何利用介数中心性（Betweenness Centrality）的论文[39]。通过 GN 算法我们可以对汽车品牌完成社群发现的步骤，如图 5.16 所示。

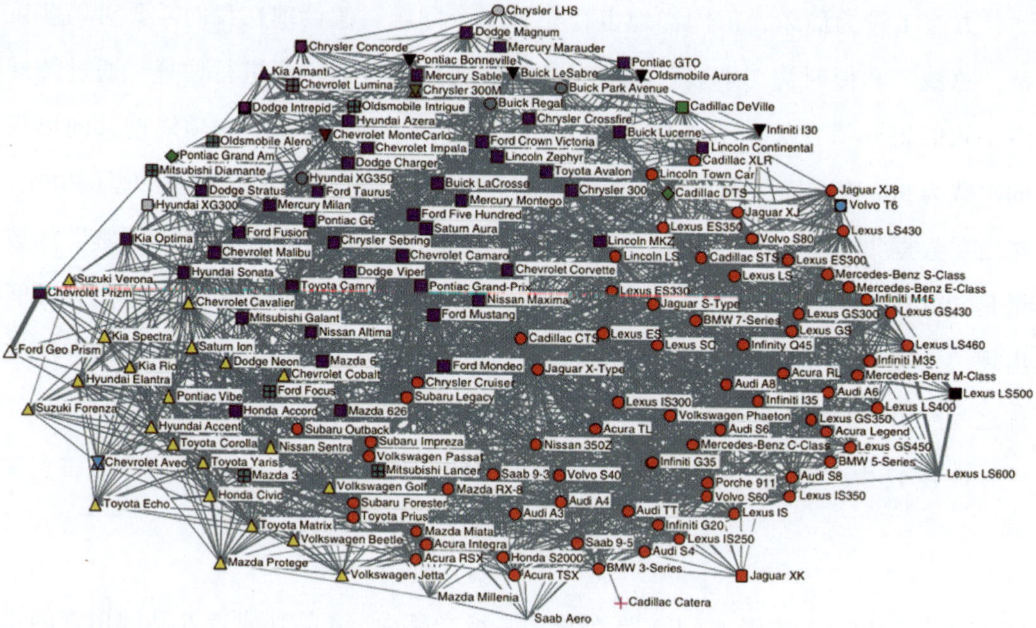

图 5.16 GN 算法 社群发现[29]

在图 5.16 中，我们可以看到不同的社区通过不同的颜色进行了区分。在每个社区中，包含了密集的节点，通过节点来表示汽车的品牌或者产品。而社区和社区之间的连接则较为稀疏。

总的来说，在这一章节中，我们主要讲述了如何使用社交媒体大数据来进行市场结构分析，并且通过文本数据挖掘技术来对市场结构的信息进行提炼和获取。这样的组合方法可以解决很多利用传统方法难以解决的问题。

参考文献

[1] “28 Powerful Facebook Stats Your Brand Can’t Ignore in 2018,” sproutsocial.com, 2018. https://sproutsocial.com/insights/facebook-stats-for-marketers/. [Accessed: 01-Jan-2019].

[2] “2018 全球大数据产业将呈七大发展趋势 -- 财经,” 人民网, 2018.（http://finance.people.com.cn/n1/2018/0205/c1004-29805301.html.）

[3] D. Laney, “Application Delivery Strategies from META Group,” *META Delta*, vol. 949, no. February 2001, p. 4, 2001.

[4] “Foreword for " Programming Python" (1st ed.),” *python.org/*. [Online]. Available: https://www.python.org/doc/essays/foreword/. [Accessed: 03-Dec-2018].

[5] A. Martelli, “Heavy usage of Python at Google - Stack Overflow,” Stack *Overflow*. [Online]. Available: https://stackoverflow.com/questions/2560310/heavy-usage-of-python-at-google. [Accessed: 03-Dec-2018].

[6] Krissi Danielson, “Distinguishing Cloud Computing from Utility Computing - SaaS Week,” *Ebizq.net*, 2008. [Online]. Available: http://www.ebizq.net/blogs/saasweek/2008/03/distinguishing_cloud_computing/. [Accessed: 02-Dec-2018].

[7] K. ERIC and G. GALEN, “What Cloud Computing Really Means - New York Times,” *The New York Times*, 2008. [Online]. Available: https://archive.nytimes.com/www.nytimes.com/idg/IDG_002570DE00740E18002574240036350 9.html?ref. [Accessed: 02-Dec-2018].

[8] B. Grobauer, T. Walloschek, and E. Stocker, “Understanding Cloud Computing Vulnerabilities,” *IEEE Secur. Priv. Mag.*, vol. 9, no. 2, pp. 50 - 57, Mar. 2011.

[9] A. M. TURING, "COMPUTING MACHINERY AND INTELLIGENCE," *Mind, vol. LIX*, no. 236, pp. 433 - 460, Oct. 1950.

[10] *D. Silver et* al., "Mastering the game of Go without human knowledge," *Nature, vol.* 550, no. 7676, pp. 354 - 359, Oct. 2017.

[11] D. H. (Dana H. Ballard and C. M. Brown, *Computer visio*n. Prentice–Hall, 1982.

[12] S. Chakrabarti, M. Ester, U. Fayyad, J. Gehrke, and J. Han, "Data mining curriculum: A proposal (Version 1.0)," *ACM SIGKDD*, 2006.

[13] C. V. M. L. Team, "An On–device Deep Neural Network for Face Detection," *machinelearning.apple.com*, vol. Vol.1, no. Issue 7, 2017.

[14] M. I. Jordan and T. M. Mitchell, "Machine learning: Trends, perspectives, and prospects.," *Science, vol.* 349, no. 6245, pp. 255 - 60, Jul. 2015.

[15] A. L. Samuel, "Some Studies in Machine Learning Using the Game of Checkers," *IBM J. Res. Dev.*, vol. 3, no. 3, pp. 210 - 229, Jul. 1959.

[16] T. M. (Tom M. Mitchell, *Machine Learning*. McGraw–Hill, 1997.

[17] D. B.– Belmont, M. A. Scientific, and undefined 2011, "Dynamic programming and optimal control 3rd edition, volume II," *castlelab.princeton.edu*.

[18] N. S. Altman, "An Introduction to Kernel and Nearest–Neighbor Nonparametric Regression," *Am. Stat.*, vol. 46, no. 3, p. 175, Aug. 1992.

[19] D. Thomas and G. Carolyn, "'Brain' In A Dish Acts As Autopilot Living Computer," *research.ufl.edu*, 2005. [Online]. Available: http://www.research.ufl.edu/publications/explore/v10n1/extract2.html. [Accessed: 03–Dec–2018].

[20] M. Scott, "Interactive Data Visualization for the Web," *OReillyMedia*, 2012. [Online]. Available: http://alignedleft.com/work/d3–book. [Accessed: 03–Dec–2018].

[21] 张文霖，刘夏璐，狄松 . 谁说菜鸟不会数据分析 [M]. 北京：电子工业出版社，2011.

[22] M. Wei, "Sentiment Analysis Using Deep Learning: A Comparison Between Chinese And English," 2017.

[23] "Local Consumer Review Survey | Online Reviews Statistics & Trends," *BrightLocal*, 2018. [Online]. Available: https://www.brightlocal.com/learn/local-consumer-review-survey/?SSAID=314743&SSCID=c1k2_pc1dm. [Accessed: 27-Dec-2018].

[24] B. Pang and L. Lee, "Opinion Mining and Sentiment Analysis," *Found. Trends R Inf. Retr., vol*. 2, pp. 1 - 2, 2008.

[25] P. Kralj Novak, J. Smailović, B. Sluban, and I. Mozetič, "Sentiment of Emojis," *PLoS One*, vol. 10, no. 12, p. e0144296, Dec. 2015.

[26] M. Hu and B. Liu, "Opinion extraction and summarization on the web," *Am. Assoc.* Artif. Intell., pp. 1 - 4, 2006.

[27] Q. Feng and 冯清．市场经济入门：实用市场理论 [M]. 北京：北京工业大学出版社，1993.

[28] Y. Liu, "Word of Mouth for Movies: Its Dynamics and Impact on Box Office Revenue," *Journal of Marketing, vol*. 70. Sage Publications, Inc., pp. 74 - 89.

[29] R. Feldman, J. Goldenberg, O. Netzer, and J. Goldenberg, "Mine Your Own Business : Market Structure Surveillance Through Text Mining," *Mark. Sci., vol.* vol 31, no. 3, pp. 521 - 543, 2012.

[30] G. S. Day, A. D. Shocker, and R. K. Srivastava, "Customer-Oriented Approaches to Identifying Product-Markets," *J. Mark*., vol. 43, no. 4, p. 8, 1979.

[31] 魏志平，"传统市场结构分析与限制 - National Taiwan University," *Coursera*. [Online]. Available: https://www.coursera.org/learn/bigdataanalysis/lecture/Sws5E/5-2-2-chuan-tong-shi-chang-jie-gou-fen-xi-yu-xian-zhi. [Accessed: 28-Dec-2018].

[32] R. M. Schindler and B. Bickart, "Published word of mouth: Referable, consumer-generated information on the internet," *Online Consum. Psychol. Underst. Influ. Consum. Behav. Virtual World*, pp. 32 - 57, 2005.

[33] J. R. (John R. Anderson and G. H. Bower, *Human associative memory*. 1973.

[34] A. M. Collins and E. F. Loftus, "A spreading-activation theory of semantic

processing.," *Psychol. Rev., vol.* 82, no. 6, pp. 407 - 428, 1975.

[35] D. A. Aaker and A. L. Biel, *Brand equity & advertising : advertising ' s role in building strong brands*. .

[36] E. F. T. K. Sang and S. Buchholz, "Introduction to the CoNLL-2000 Shared Task: Chunking," no. 1995, pp. 127 - 132, 2000.

[37] J. Lilleberg, Y. Zhu, and Y. Zhang, "Support vector machines and Word2vec for text classification with semantic features," in *2015 IEEE 14th International Conference on Cognitive Informatics & Cognitive Computing (ICCI*CC)*, 2015, pp. 136 - 140.

[38] P. D. Turney and M. L. Littman, "Measuring praise and criticism," *ACM Trans. Inf. Syst.*, vol. 21, no. 4, pp. 315 - 346, 2003.

[39] M. Girvan and M. E. J. Newman, "Community structure in social and biological networks.," *Proc. Natl. Acad. Sci. U. S. A.*, vol. 99, no. 12, pp. 7821 - 6, Jun. 2002.